见识城邦

更新知识地图　拓展认知边界

少年图文大历史

宇宙是如何产生的

[韩] 金亨真 [韩] 朴英姬 著 [韩] 宋东根 绘
林香兰 译 邹翀 校译

中信出版集团 | 北京

图书在版编目（CIP）数据

宇宙是如何产生的 /（韩）金亨真，（韩）朴英姬著；（韩）宋东根绘；林香兰译 . -- 北京：中信出版社，2021.9

（少年图文大历史；2）

ISBN 978-7-5217-2935-1

Ⅰ . ①宇… Ⅱ . ①金… ②朴… ③宋… ④林… Ⅲ . ①宇宙－少年读物 Ⅳ . ① P159-49

中国版本图书馆 CIP 数据核字（2021）第 044186 号

Big History vol.2
Written by Hyungjin KIM, Younghee PARK
Cartooned by Donggeun SONG

宇宙是如何产生的

著者：[韩] 金亨真 [韩] 朴英姬

绘者：[韩] 宋东根

译者：林香兰

校译：邹翀

出版发行：中信出版集团股份有限公司

（北京市朝阳区惠新东街甲 4 号富盛大厦 2 座 邮编 100029）

承印者：天津丰富彩艺印刷有限公司

开本：880mm×1230mm 1/32 印张：6.25 字数：110 千字

版次：2021 年 9 月第 1 版 印次：2021 年 9 月第 1 次印刷

京权图字：01–2021–3959 书号：ISBN 978–7–5217–2935–1

定价：58.00 元

大历史是什么？

为了制作“探索地球报告书”，具有理性能力的来自织女星的生命体组成了地球勘探队。第一天开始议论纷纷。有的主张要了解宇宙大爆炸后，地球是从什么时候、怎样开始形成的；有的主张要了解地球的形成过程，就要追溯至太阳系的出现；有的主张恒星的诞生和元素的生成在先，所以先着手研究这个问题。

在探索过程中，勘探家对地球上存在的多样生命体的历史产生了兴趣。于是，为了弄清楚地球是在什么时候开始出现生命的，并说明生命体的多样性和复杂性，他们致力于研究进化机制的作用过程。在研究过程中，他们展开了关于“谁才是地球的代表”的争论。有人认为存在时间最长、个体数最多、最广为人知的“细菌”应为地球的代表；有人认为亲属关系最为复杂的蚂蚁才是；也有人认为拥有最强支配能力的智人才是地球的代表。最终在细菌与人类的角逐战中，人类以微弱的优势胜出。

现在需要写出人类成为地球代表的理由。地球勘探队决定要对人类怎样起源、怎样延续、未来将去往何处进行调查，同时要找出人类的成就以及影响人类的因素是什么，包括农耕、城市、帝国、全球网络、气候、人口增减、科学技术和工业革命等。那么，大家肯定会好奇：农耕文化是怎样促使人类的生活产生变化的？世界是怎样连接的？工业革命是怎样改变人类历史的？……

地球勘探队从三个方面制成勘探报告书，包括："从宇宙大爆炸到地球诞生"、"从生命的产生到人类的起源"和"人类文明"。其内容涉及天文学、物理学、化学、地质学、生物学、历史学、人类学和地理学等，把涉及的知识融会贯通，最终形成"探索地球报告书"。

好了，最后到了决定报告书标题的时间了。历尽千辛万苦后，勘探队将报告书取名为《大历史》。

外来生命体？地球勘探队？本书将从外来生命体的视角出发，重构"大历史"的过程。如果从外来生命体的视角来看地球，我们会好奇地球是怎样产生生命的、生命体的繁殖系统是怎样出现的，以及气候给人类粮食生产带来了哪些影响。我们不禁要问："6 500 万年前，如果陨石没有落在地球上，地球上的生命体如今会怎样进化？""如果宇宙大爆炸以其他细微的方式进行，宇宙会变成什么样子？"在寻找答案的过程中，大历史产生了。事实上，通过区分不同领域的各种信息，融合相关知识，并通过“大历史”，我们找到了我们想要回答的“宇宙大问题”。

大历史是所有事物的历史，但它并不探究所有事物。在大历史中，所有事物都身处始于137亿年前并一直持续到今天的时光轨道上，都经历了10个转折点。它们分别是137亿年前宇宙诞生、135亿年前恒星诞生和复杂化学元素生成、46亿年前太阳系和地球生成、38亿年前生命诞生、15亿年前性的起源、20万年前智人出现、1万年前农耕开始、500多年前全球网络出现、200多年前工业化开始。转折点对宇宙、地球、生命、人类以及文明的开始提出了有趣的问题。探究这些问题，我们将会与世界上最宏大的故事相遇，宇宙大历史就是宇宙大故事。

因此，大历史不仅仅是历史，也不属于历史学的某个领域。它通过开动人类的智慧去理解人类的过去和现在，它是应对未来的融合性思考方式的产物。想要综合地了解宇宙、生命和人类文明的历史，就必然涉及人文与自然，因此将此系列丛书简单地划分为文科和理科是毫无意义的。

但是，认为大历史是人文和科学杂乱拼凑而成的观点也是错误的。我们想描绘如此巨大的图画，是为了获得一种洞察力，以便贯穿宇宙从开始到现代社会的巨大历史。其洞察中的一部分发现正是在大历史的转折点处，常出现多样性、宽容开放、相互关联性以及信息积累的爆炸式增长。读者不仅能通过这一系列丛书，在各本书也能获得这些深刻见解。

阅读和学习“少年图文大历史”系列丛书会有什么不同呢？当然是会获得关于宇宙、生命和人类文明的新奇的知识。此系列丛书不是百科全书，但它包含了许多故事。当这些故事以经纬线把人文和科学编织在一起时，大历史就成了宇宙大故事，同时也为我们提供了一个观察世界、理解世界的框架。尽管想要形成与来自织女星的生命体相同的视角可能有点困难，但就像登上山顶俯瞰世界时所看到的巨大远景一样，站得高才能看得远。

但是，此系列丛书向往的最高水平的教育是“态度的转变”，因为通过大历史，我们最终想知道的是“我们将怎样生活”。改变生活态度比知识的积累、观念的获得更加困难。我们期待读者能够通过“少年图文大历史”系列丛书回顾和反省自己的生活态度。

大历史是备受世界关注的智力潮流。微软的创始人比尔·盖茨在几年前偶然接触到了大历史，并在学习人类史和宇宙史的过程中对其深深着迷，之后开始大力投资大历史的免费在线教育。实际上，他在自己成立的 BGC3（Bill Gates Catalyst 3）公司将大历史作为正式项目，之后还与大历史企划者之一赵智雄的地球史研究所签订了谅解备忘录。在以大卫·克里斯蒂安为首的大历史开拓者和比尔·盖茨等后来人的努力下，从2012年开始，美国和澳大利亚的70多所高中进行了大历史试点项目，韩国的一些初、高中也开始尝试大历史教学。比尔·盖茨还建议“青少年应尽早学习大历史”。

经过几年不懈努力写成的“少年图文大历史”系列丛书在这样的潮流中，成为全世界最早的大历史系列作品，因而很有意义。就像比尔·盖茨所说的那样，“如今的韩国摆脱了追随者的地位，迈入了引领国行列”，我们希望此系列丛书不仅在韩国，也能在全世界引领大历史教育。

李明贤　　赵智雄　　张大益

祝贺“少年图文大历史”系列丛书诞生

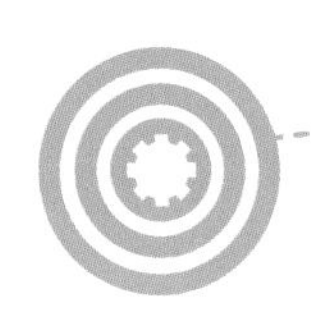

大历史是保持人类悠久历史，把握全宇宙历史脉络以及接近综合教育最理想的方式。特别是对于21世纪接受全球化教育的一代学生来讲，它显得尤为重要。

全世界范围内最早的大历史系列丛书能在韩国出版，并且如此简洁明了，这让我感到十分高兴。我期待韩国出版的“少年图文大历史”系列丛书能让世界其他国家的学生与韩国学生一起开心地学习。

“少年图文大历史”系列丛书由20本组成。2013年10月，天文学者李明贤博士的《世界是如何开始的》、进化生物学者张大益教授的《生命进化为什么有性别之分》以及历史学者赵智雄教授的《世界是怎样被连接的》三本书首先出版，之后的书按顺序出版。在这三本书中，大家将认识到，此系列丛书探究的大历史的范围很广阔，内容也十分多样。我相信“少年图文大历史”系列丛书可以成为中学生学习大历史的入门读物。

大历史为理解过去提供了一种全新的方式。从1989

年开始，我在澳大利亚悉尼的麦考瑞大学教授大历史课程。目前，以英语国家为中心，大约有50所大学开设了大历史课程。此外，在微软创始人比尔·盖茨的热情资助下，大历史研究项目团体得以成立，为全世界的青少年提供免费的线上教材。

如今，大历史在韩国备受关注。2009年，随着赵智雄教授地球史研究所的成立，我也开始在韩国教授大历史课程。几年来，为促进大历史在韩国的传播，我们付出了许多心血，梨花女子大学讲授大历史的金书雄博士也翻译了一系列相关书籍。通过各种努力，韩国人对大历史的认识取得了飞跃式发展。

“少年图文大历史”系列丛书的出版将成为韩国中学以及大学里学习研究大历史体系的第一步。我坚信韩国会成为大历史研究新的中心。在此特别感谢地球史研究所的赵智雄教授和金书雄博士，感谢为促进大历史在韩国的发展起先驱作用的李明贤教授和张大益教授。最后，还要感谢“少年图文大历史”系列丛书的作者、设计师、编辑和出版社。

2013年10月

大历史创始人　大卫·克里斯蒂安

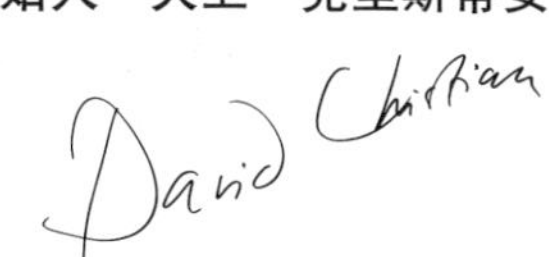

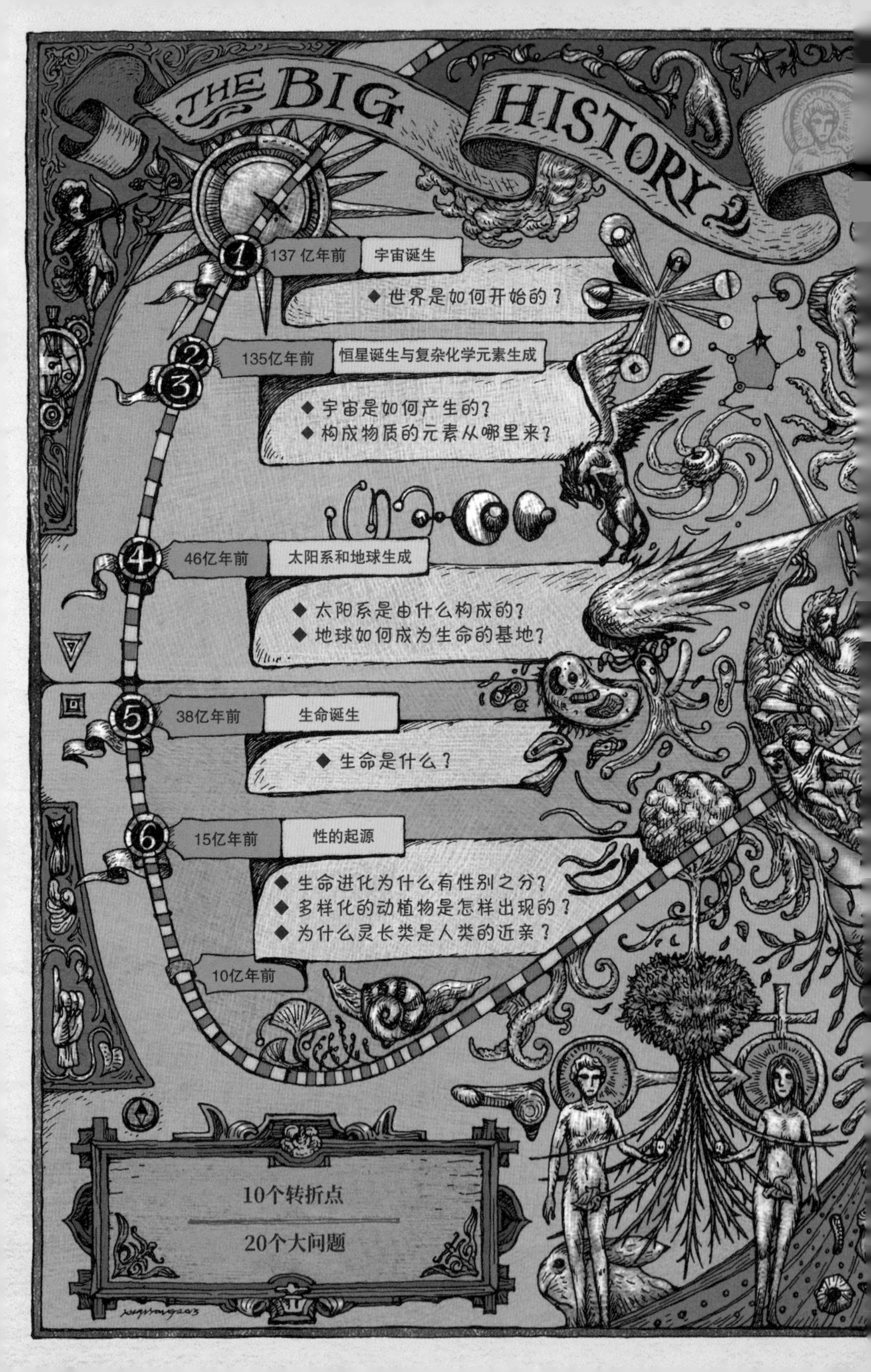
THE BIG HISTORY
1
137 亿年前
宇宙诞生
◆ 世界是如何开始的？
2
3
135亿年前
恒星诞生与复杂化学元素生成
◆ 宇宙是如何产生的？
◆ 构成物质的元素从哪里来？
4
46亿年前
太阳系和地球生成
◆ 太阳系是由什么构成的？
◆ 地球如何成为生命的基地？
5
38亿年前
生命诞生
◆ 生命是什么？
6
15亿年前
性的起源
◆ 生命进化为什么有性别之分？
◆ 多样化的动植物是怎样出现的？
◆ 为什么灵长类是人类的近亲？
10亿年前
10个转折点
20个大问题

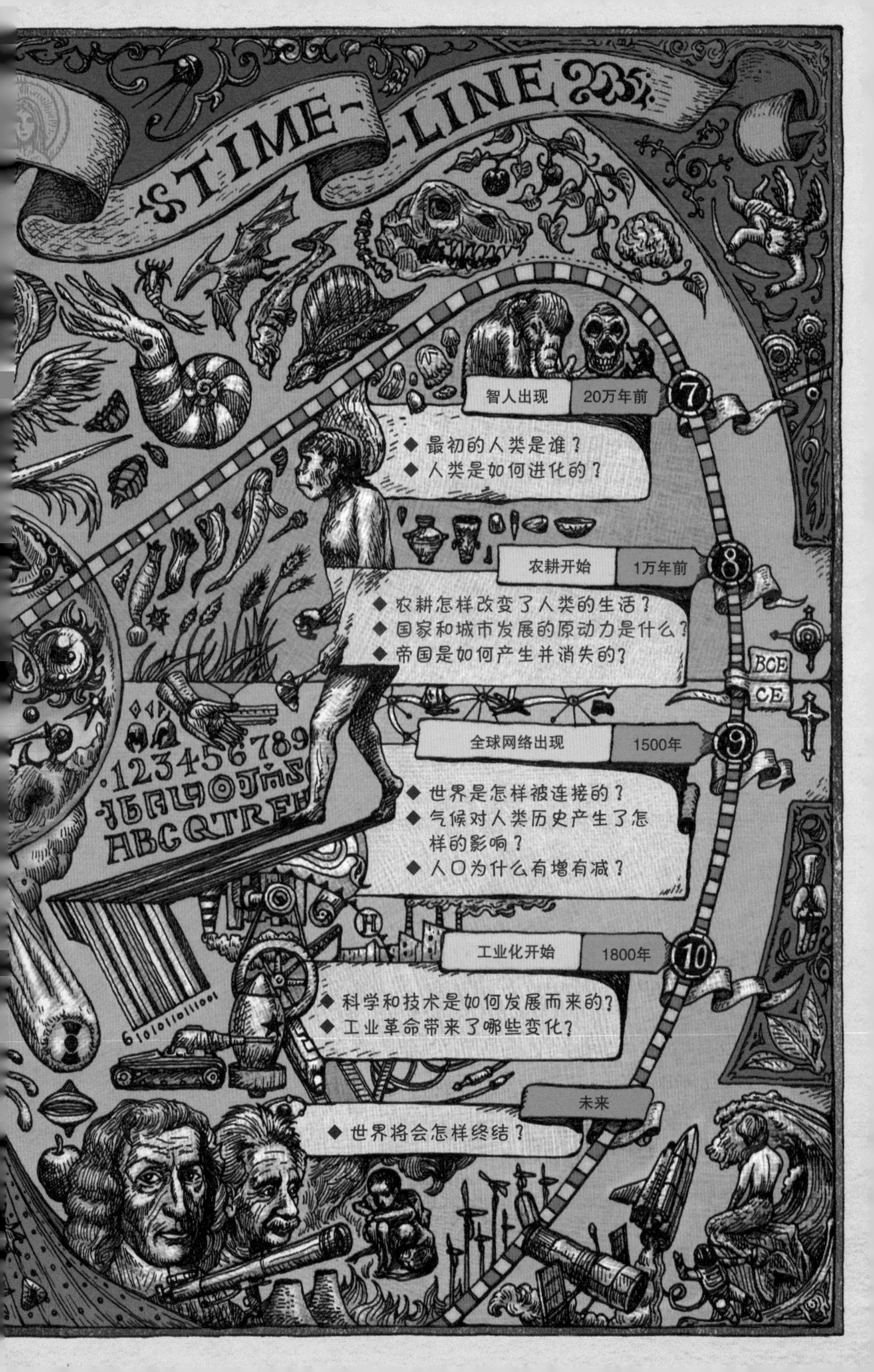
TIME-LINE
智人出现
20万年前
7
◆ 最初的人类是谁？
◆ 人类是如何进化的？
农耕开始
1万年前
8
◆ 农耕怎样改变了人类的生活？
◆ 国家和城市发展的原动力是什么？
◆ 帝国是如何产生并消失的？
BCE
CE
全球网络出现
1500年
9
◆ 世界是怎样被连接的？
◆ 气候对人类历史产生了怎样的影响？
◆ 人口为什么有增有减？
工业化开始
1800年
10
◆ 科学和技术是如何发展而来的？
◆ 工业革命带来了哪些变化？
未来
◆ 世界将会怎样终结？
123456789
ABCQTRE
610101101001

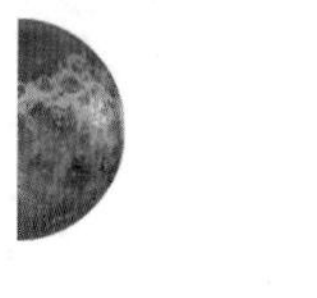

目录

宇宙是什么模样?

拓展阅读

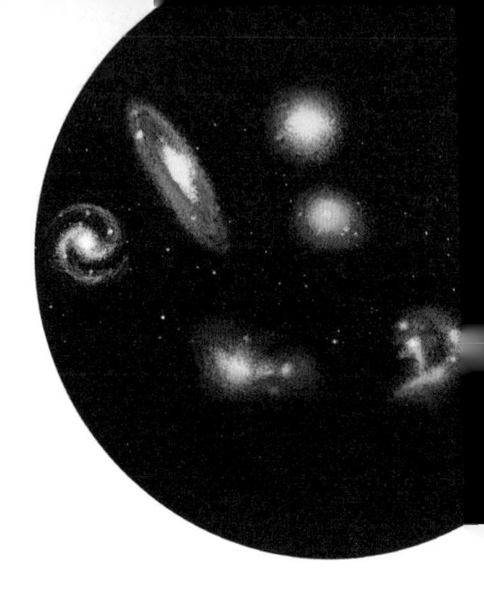

恒星如何度过一生?

5 黑洞是什么?

拓展阅读

6

人类是如何认知宇宙的?

引言

庞大的世界，暂存的人类

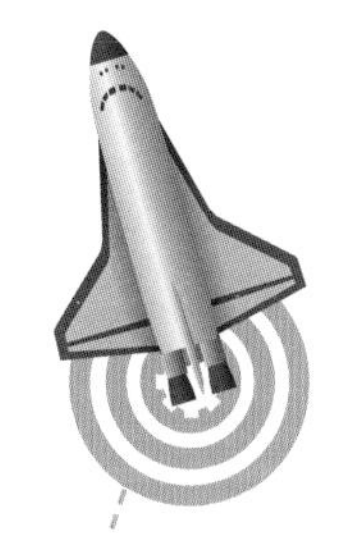

白天照亮世界的太阳，夜晚点缀天空的星星，它们标志着一天的开始和结束，这就是我们生存的世界。

围绕这个世界的太阳和夜晚的星星，它们本来就是为我们生活的这个世界特意制造出来的吗？这个世界是神为了人类的生存而创造的无始无终、永恒不变的地方吗？

许多人都认为宇宙是无始无终的永恒存在，直到20世纪初还认为宇宙之大无法估量，宇宙是精密而庞大的结构，甚至连发现时空秘密的爱因斯坦也认为“宇宙是永恒不变的”，因而修改了自己对“宇宙膨胀说”的解释——“相对论”，使之符合自己的宇宙观。1929年哈勃发现了星系相互远离的证据，但直到爱因斯坦确认之前，对宇宙有所了解的大多数学者都还认为宇宙是永恒不变的。

我们虽然不能亲身感受到宇宙的膨胀，但是通过学习，我们都接受了宇宙会膨胀这一事实。现在即使我们相信宇宙是永恒不变的，世界也依旧会自然地运转。因为任何人都不能切身地感受到宇宙膨胀的效果，所以我们的子孙后代也是感觉不到的。是的，宇宙在变，只是我们感觉不到而已。在宇宙的历史中，人类的历史不过是一闪而过的瞬间而已。

人们生活在宇宙中恒星诞生的地方，行星所在的地方。这里有水、有各种构成生命的材料，且因为与太阳保持一定的距离，可以接连不断地发生复杂的化学反应，从而诞生生命体。这里还是陨石的碰撞恰使巨大而凶恶的生命体灭绝的地方。从这种观点来看，人类不过是偶然产生又只能走向灭亡的运气好的生命体罢了。在人类出现之前和地球上的生命体尽数灭绝之后，太阳依然升起落下，月亮照旧围绕地球转动。暂时出现又终会走向消失的人类正在认识这个世界。

但是换个角度思考，就像人类有历史、我们有人生一样，恒星的一生和宇宙的一生也有定律。从大历史的角度来看，我们的人生不过是弹指一挥间，我们是宇宙里匆匆的过客，因此，我们也许会觉得宇宙的一生与我们相距甚远。我们的生活，既不是地球的历史，也不是生命的历史，更不是世界的历史，当然也不是国家的历史。当下的生活，才是你最珍贵的历史。但是，在宇宙的一生中，星辰有生有灭，太阳便是其中一个。地球的一生又与太阳相关，可见我们并未完全与宇宙脱离。从某种意义上说，我们的人生受到国家和父母的很大影响。国家在世界史的河流中造就了现在的环境，而世界历史是生命历史的一部分，生命又是在地球环境下经历漫长时间才诞生的。在太阳系中，地球是唯一拥有适合生命体存在的环境的天体。如果没有太阳的话，别说生命，就连地球都无法存在。如果知道我们与宇宙大历史具有直接或间接联系，那么我们就应该积极思考人类的未来。

生命与我们的意志无关。某个瞬间我们降生到这个世界，不知为何会降生，也不知如何生存下去，只是为了生存而活着并繁衍后代，自己却几乎活不过 100 年。但是具有好奇心的人类为了了解大自然进行了多方面的思考，并通过语言与他人交流思想，还留下了文字记录，积累知识，形成体系。

人类具有了解自然、改变自然的能力。尽管很难判断人类的大限之日何时到来，但是 50 亿年后随着太阳的寿终正寝，地球也将结束自己的一生，这是已被证明的事实。不过，凭着现在的科学发展，那时没准像动画电影《银河铁道 999》中的情节一样，机械将代替人类的肉体，人类将借助新能源在太空行走。也许人类能像贝尔纳·韦尔贝的小说《大树》中出现的“隐居者”那样抛弃碍手碍脚的肉体，将脑髓放入胶囊使之得以永生。科技再进步的话，人们也能像电影《黑客帝国》那样，在电脑里创造一个虚拟世界，从中感受喜怒哀乐，反倒对现实世界感到陌生。但是这一切也会随着太阳的爆发和地球的消亡而终止。假如人类能像电影《月-E》描述的那样离开地球到巨型宇宙飞船上生活，并去寻找新的地球的话，那么在更远的未来，人类就会把各个行星变成适合生命生存的地方并居住在那里。那时，就像电影《星球大战》展现的那样，不同生命体之间将发生宇宙战争。不管怎样，我们的未来，我们的生活，将不仅仅被恒星的一生，更会被宇宙的构造和宇宙的一生左右，所以我们一定要好好地了解宇宙。

现在我们迎来了可以摆脱狭小世界，放眼更大的宇宙，了解我们人生的时代。让我们跟随书本去宇宙，梦想存在永恒的生命，畅想人类子孙的模样，小心翼翼地开始宇宙之旅吧。

1 宇宙是什么模样?

我们是怎样出生在这个世界上的呢?我们想要出生必须先有父母，再有男人和女人的生殖细胞结合起来形成的新细胞。那么最初的人类是怎样形成，怎样诞生，世界又是怎样形成的呢?追寻这些无止境的疑问，我们就会走向“宇宙是如何产生的”这一终极疑问。“宇宙是如何产生的”这个疑问，其实就是对我们来自何处的根源性的疑问。

我们通过反复实验探索了宇宙规律，也找到了探索宇宙空间的尺度。那么让我们来正式揭开宇宙的构造吧。

任何地方看到
的宇宙都是
相同的吗?
宇宙是
什么样的?
结束意味着
另一个开始。

宇宙的诞生

要想了解宇宙诞生的瞬间，就需要了解微观世界的物理法则——量子力学。量子力学可以解释微观世界中原子或基本粒子的现象，毕竟发生在微观世界里的奇异现象，直观上是不容易理解的。爱因斯坦曾付出种种努力想否定量子力学，但最终只能承认它是正确的。鉴于要想详细地解释复杂的量子力学概念需要足足一本书的分量，所以在这里我们先介绍量子力学的概率论。

许多科学家致力于研究大爆炸理论。从“无”中怎样发生大爆炸，发生大爆炸的那一点（奇点）又是怎样产生的，解释这些疑问的关键就在于量子力学的“隧道效应”。

大爆炸发生之前，极小的微观世界不存在时间和空间，所有能量都是零。但量子力学的“无”状态，是指根据概率分布，存在不断生成又消失的粒子，可它们被某种能量壁垒（势垒）阻挡，什么都不会发生。

在微观世界里，粒子不能穿越势垒的概率较高，但是偶尔会有某个粒子穿过势垒，这种低概率事件也是存在的——虽然几乎是不可能，但概率并不为零。某一瞬间粒子出现在势垒外，这种现象叫“隧道效应”。突破势垒的能量急剧膨胀，遂有了最初的空间及时间。

十分偶然，却必然冲破低概率出现的能量涨落引起了

正态分布

两个骰子示数之和的概率分布

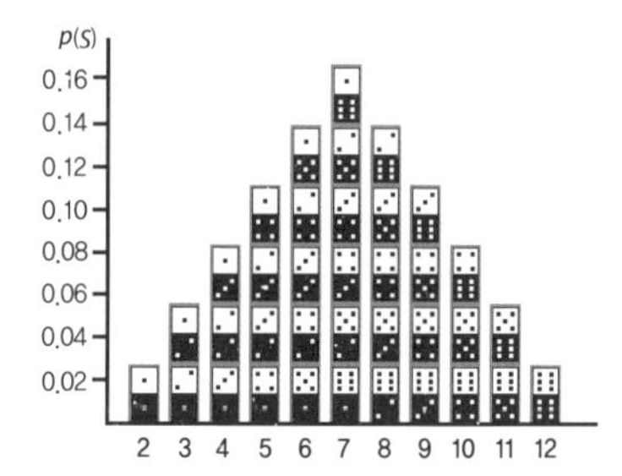

正态分布

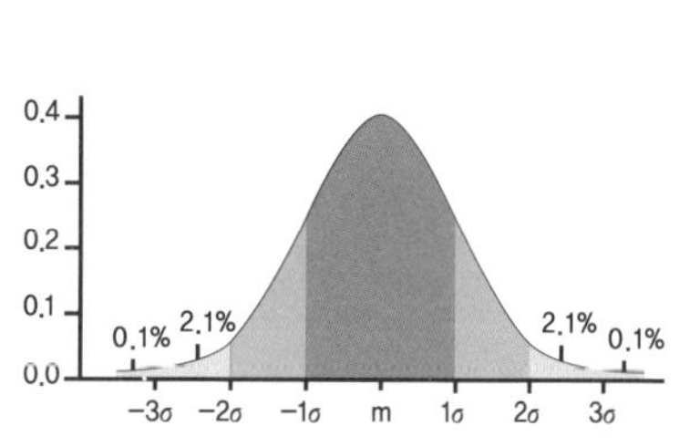

当你掷两个骰子的次数越多，骰子示数的总和接近 7 的概率就越大。这意味着随着观测次数的增加，概率遵循正态分布。标准差表示观测对象偏离平均期望值的程度，即使标准差出乎意料，也有可能出现。特别是根据量子力学，在比原子更小的微观世界中，随着投掷骰子的次数的增加，正态分布两端概率较低的事件会出现得更频繁

大爆炸。大爆炸之前，现在宇宙的所有质量和能量都集于一点上。从爆炸的瞬间诞生的宇宙开始急剧膨胀。那么在暴胀期间，宇宙又有了怎样的变化呢？

科学家们推测大爆炸发生后，均匀的宇宙中出现了微扰，这种微扰超过一定阈值后，使宇宙突然平滑地扩张。如果宇宙是完全均匀的，那么它就会因能量均衡而不发生任何变化，而且现在的星系和恒星也不会存在。只要密度稍有不同，就会产生引力差异，物质就会聚集在引力大

的地方。随着时间的推移，小差异逐渐变大，到了某一瞬间，密度已变得无比大时，由质量决定的引力导致了坍缩，在这个过程中诞生了无数恒星。很多科学家为了寻找最初的微扰，去追踪宇宙最初发出的光的痕迹。那个痕迹便是宇宙微波背景辐射。1989 年为了寻找微扰存在过的证据，宇宙背景探测器飞向了宇宙，经过两年的观测完成了宇宙微波背景辐射图，在那张图上，科学家们发现了十万分之一的微小温差造就的宇宙雏形。

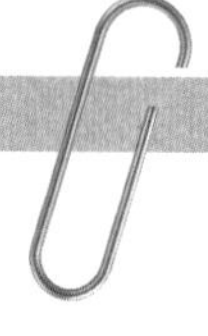

宇宙背景探测器观测到的宇宙辐射

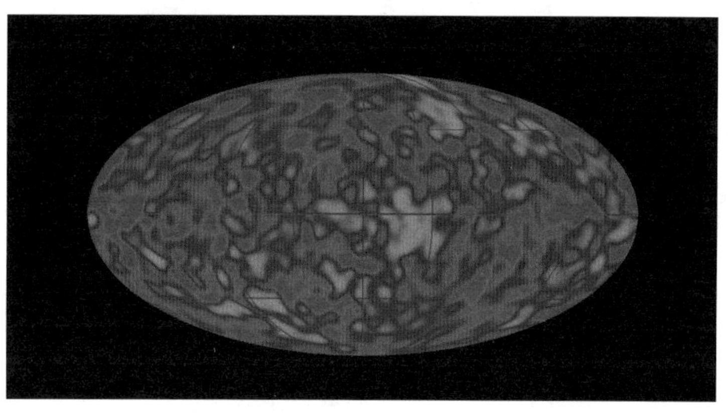

由探测器观测到的宇宙温度分布，颜色表示温度，蓝色和红色的温度仅相差十万分之一。这些斑点可以看作宇宙微扰存在过的证据

大爆炸后的38万年间，向宇宙全域发出的光是各向同性的，因此找出微扰遗迹是十分困难的事情。各向异性是否存在的争论持续了几十年，1992年乔治·斯穆特公布宇宙微波背景辐射图后争论才平息。斯穆特在记者招待会上说："如果大家有信仰的话，那么这幅图就等于神的脸庞。"一直反对宇宙大爆炸论的斯蒂芬·霍金也评价说："不知道这个发现是否是历史上最伟大的，但它无疑是本世纪最伟大的。"

微扰中产生的恒星和星系

宇宙空间中具有质量的粒子均匀地分散开来会发生什么呢？虽然有相互吸引的引力作用，但是粒子的运动不是均匀的，否则我们生活的星系和行星是永远不会形成的。

大爆炸 38 万年后，随着宇宙不断膨胀，温度也降低了。随后，动能降低的电子和质子相结合，在宇宙中产生的能量开始以光的形态呈现。宇宙的持续膨胀拉长了光波的波长。宇宙初期产生的光的波长约为 7.35 厘米。如果宇宙整个领域的温度恒定的话，就不会出现质量凝聚的点（如星系和恒星）及真空的点（如空洞和星际空间）。

科学家们确信宇宙最初有过涨落。为了寻找证据，科学家们开始研究来自宇宙的光的波长。由于温度不同，物体辐射的强度以及光谱会有差异，科研人员将各个区域的微波背景辐射强度测出后与黑体辐射光谱相对比，就可以得出宇宙温度分布。

为了测定波长，科学家们把宇宙背景探测器发射到不受大气阻碍的宇宙中观测宇宙微波背景辐射。用三千分之一像素的分辨率观测的第一次调查结果显示，宇宙微波背景辐射表现出均匀的温度分布。但是科学家们把两年累积的数据综合起来后发现有十万分之一的温度差，从中发现了最初的微扰。之后科学家们还发送了威尔金森微波各向

宇宙背景探测器观测到的宇宙背景辐射的波长变化

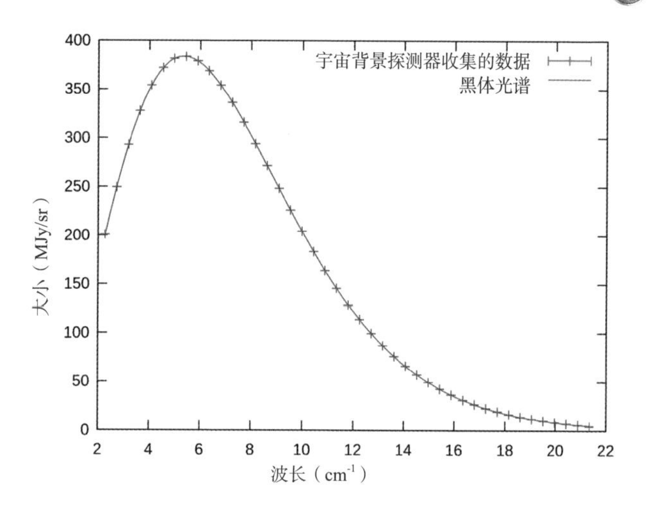

宇宙背景探测器观测到的宇宙微波背景辐射图表明，宇宙微波背景辐射与 3 开尔文温度下黑体吸收光谱较为一致。观测结果表明，不同区域会有十万分之一的温度差异，由此可知宇宙温度是各向异性的

异性探测器（WMAP）和普朗克卫星，从多个方面观测波长，测定精确的宇宙微波背景辐射温度。各国投入了大量的时间和资金证明了密度的不均衡产生了创造恒星和星系的种子，并根据宇宙微波背景辐射推测出普通物质、暗物质、暗能量是以怎样的比例构成宇宙的。通过这些我们可以更具体地预测宇宙的未来。

宇宙庞大结构的诞生

大约在大爆炸发生 38 万年后，质子和电子结合起来开始变为中性原子。随着在宇宙中到处飘浮的电子受到质子的束缚，与电子相互作用的光子开始扩散到宇宙全境。如果把填满整个宇宙的电磁辐射用宇宙微波背景辐射图来表现的话，我们就可以用双眼看到古代宇宙的遗迹。如果构成宇宙的物质的密度再稍微不均衡一些的话，恒星和星系便不会形成；如果不均衡的程度再大一点的话，宇宙则有可能被黑洞覆盖。如同大爆炸以不可思议的偶然性和必然性创造空间，洪荒的宇宙也是以不可思议的精密度开始创造宇宙的结构的。

暗物质、暗能量

现在人类所认识的宇宙只占整个宇宙的 4%。科学家认为其余 96% 就是暗物质和暗能量，23% 是暗物质，73% 是暗能量。人们对它们的存在也只是猜测而已。目前暗物质和暗能量已成为天体物理学研究的热门领域。

美国芝加哥大学的研究团队从宇宙微波背景辐射中得出多种物理量，并以理论模型为基础，在电脑上进行了模拟。他们以宇宙微波背景辐射中出现的温差为基础，模拟宇宙年龄到了 38 万年时的样子——

光子

基本粒子之一。

宇宙庞大结构生成的模拟图

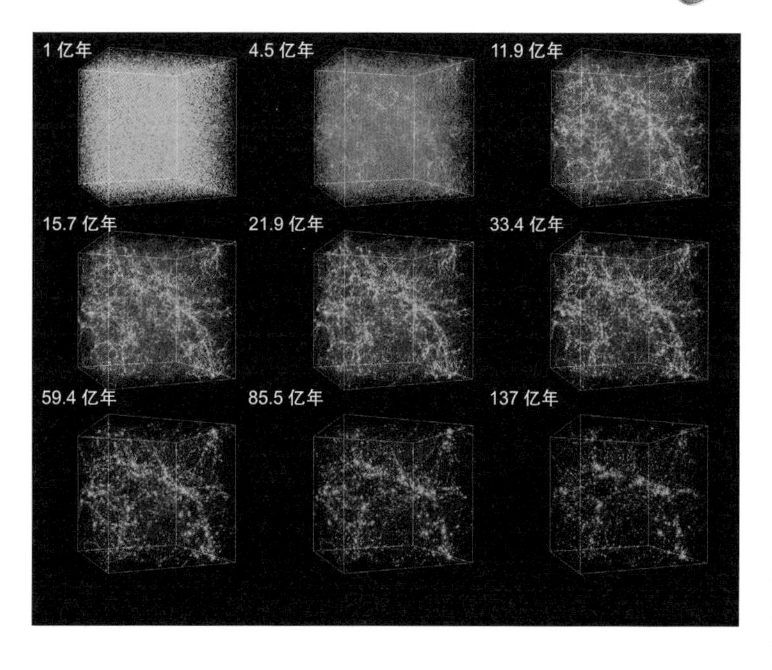

美国芝加哥大学的研究团队模拟了宇宙的变化。左上角的数字是宇宙的年龄，立方体的边长为 1 亿光年

将假设的宇宙空间物质数据输入电脑，可以得知 137 亿年间宇宙物质在引力的作用下是怎样移动的。起初，均匀而密集的物质凝结在一起后，宇宙变得不再均匀，数亿年后，最初的不均衡状态构成了巨大的宇宙网。

为了确认宇宙的构造，世界上最大规模的天文观测项

SDSS 公开的星系的空间分布

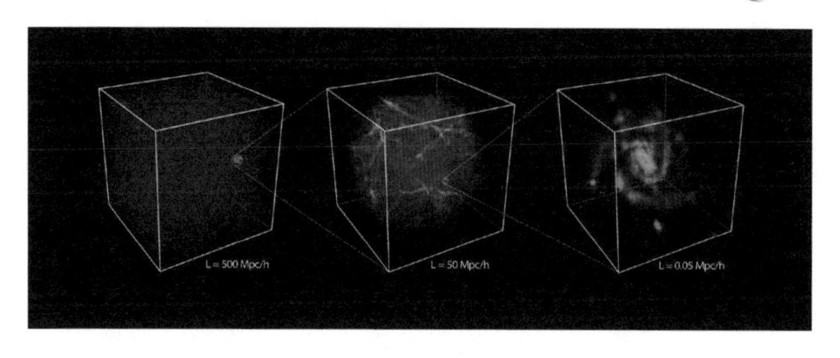

不同距离尺度下，宇宙中的星系分布显示出不同密度。1 秒差距（pc）大约是 3.26 光年，1 兆秒差距（Mpc）是 100 万秒差距

目“斯隆数字巡天”（SDSS）于 2000 年启动。科学家们用美国阿帕奇 · 波因特天文台的 2.5 米口径光学望远镜和特殊摄影机、分光镜等观测了四分之一的广阔天空，并查明了宇宙庞大结构的起源和形成原理。SDSS 研究团队将浩瀚宇宙里的天体拍摄下来，用三维坐标定位计算后制作了星图。SDSS 发现了新星系，探测到只有空荡荡空间的巨洞。三维星图显示了 10 亿光年间宇宙空间里出现的数十万个恒星和数万个类星体。

根据 SDSS 的观测结果，科学家们发现宇宙里的星系有明有暗，黑暗星系大体上均匀分布，少数分布在巨洞里。这一项目尤其重要的成果是掌握了宇宙的构造，确认了宇宙还在继续膨胀，从而加快了对暗物质和暗能量的研究进程。除此之外，该项目还发现了结构如同巨墙（巨壁）的明亮星系群。

光年
光在宇宙真空中沿直线传播一年所经过的距离。

类星体
中心是黑洞，放射出强大能量的天体，大部分都位于很遥远的地方。

科学家们在探测和制作星图的过程中发现，宇宙构造与电脑模拟的星图几乎是一致的。SDSS 星图以精密的测定数据为基础，凭借宇宙微波背景辐射，使用多样的常数证明了计算机模拟宇宙模型的基本数值，结果发现空间分布与初期采用万分之一或百万分之一的差异标准测定的星图不同。宇宙初期，十万分之一的微小差异产生了物质间的引力，并造就了恒星和星系。137 亿年，从星系、星系团到超星系团，依次形成更大的天体，乃至宇宙的庞大结构。

宇宙是空荡荡的时空。星系与星系之间也有数光年的距离，要想离开我们的银河系到另外一个星系去的话，至少需要奔跑几十万光年或几百万光年。离开大约在 500 万光年的空间里聚在一起的本星系群，就能遇见星系团。该星系团所属的超星系团直径约 1 亿光年，各星系团平均以

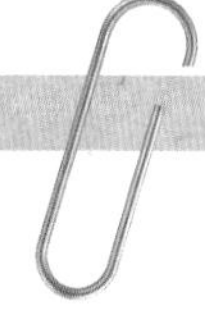

2014 年公开的 SDSS 星图最终版

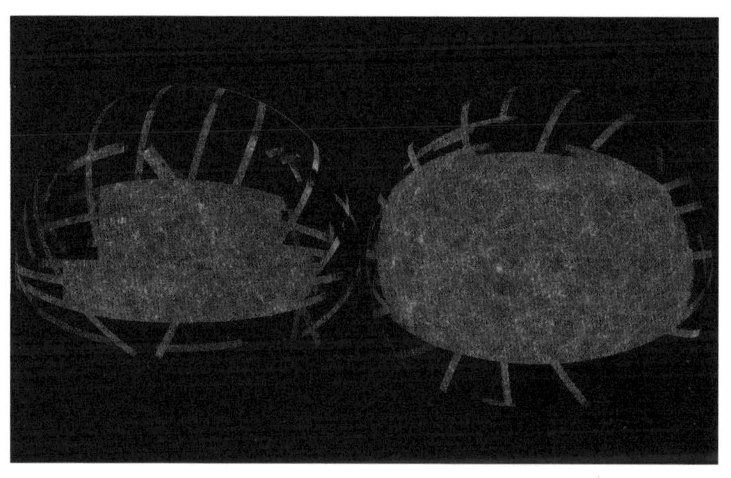

把宇宙结构化的三维星图。地图上的橙色点代表星系

3 亿光年的距离分布着。

现在让我们在更远的地方观察一下宇宙的模样吧。以星系为基本单位的宇宙呈网状的泡沫结构。可观测宇宙的规模是 460 亿光年，根据宇宙模型倒推，宇宙的年龄大概是 137 亿年。2014 年最终完成的 SDSS 三维星图包含了 50 亿光年间的超过 100 万个星系。SDSS 获得的信息向全世界科学家公开，为各种理论研究提供数据验证。科学家们以 SDSS 的庞大数据为基础，证明了星系的形成原理，

并推动了对至今尚未揭秘的暗物质及理论上使宇宙加速膨胀的暗能量的研究。

三维宇宙的规模

人类在不断地转变对宇宙的认识。望远镜的发明使人类观测并记录了肉眼看不到的天体，它们都以太阳为中心旋转。人们知道了地球也是围绕太阳旋转的行星之一，还知道了太阳并不是宇宙的中心，只不过是无数恒星中的一个。在 1918 年沙普利发现银河系的中心在人马座方向上以前，人们一直以为太阳是宇宙的中心。哈勃望远镜的出现使我们了解到除了银河系以外还存在无数个星系，宇宙的庞大结构开始崭露头角。

我们的银河系的空间尺度约为 10 万光年。太阳位于离银河系中心 2.7 万光年的旋臂处，是其上 2 亿年旋转一周的众多恒星中的一个。银河系中有超过 1 000 亿个恒星。1 000 亿数一遍都很不容易，就是一秒数一个也需要 3 万年才能数完，可见银河系有多大。

那么宇宙到底有多大呢？宇宙诞生在 137 亿年前，但不能因此单纯地认为 137 亿光年就是宇宙的大小。我们能观测到的最远的恒星是 130 亿年前的模样，而科学家们预测现在宇宙的大小为 460 亿光年。如果现在想看到宇宙的终点，就要等待300亿年。当然300亿年后的宇宙会变得更大，也就是说我们不可能看到宇宙的终点，因为宇宙是不断膨胀的。

宇宙结构的最基本单位是星系。星系与星系因引力聚集在一起，数十个星系聚集在一起叫作星系群，几百个乃至几千个星系聚集在一起叫作星系团。引力造就了星系团，几个星系团聚集在一起形成超星系团，这就是宇宙的庞大结构。

宇宙的庞大结构与发出荧光的海绵相似，在网状“围墙”下，数百个星系团聚在一起的地方，海绵网膜被称作“巨墙”，线条被称作“纤维状结构”，孔隙被称为“巨洞”。

目前所知的宇宙的庞大结构有10亿光年的规模。散见于整个宇宙空间，是大爆炸38万年后的痕迹，如果将宇宙的形状形象化，就会像第21页的图片一样，展现出这样的画面。第21页的图是把星图以及宇宙微波背景辐射合为一体的图。

因为是在地球上观测的，所以图的中心是银河系。蝴蝶样的光是半径为10亿光年的庞大结构。图上的黑色部分不是宇宙的终点，而是宇宙的更远处，历经137亿年到现在，那里的光仍还没有到达地球，是无法观测的区域。

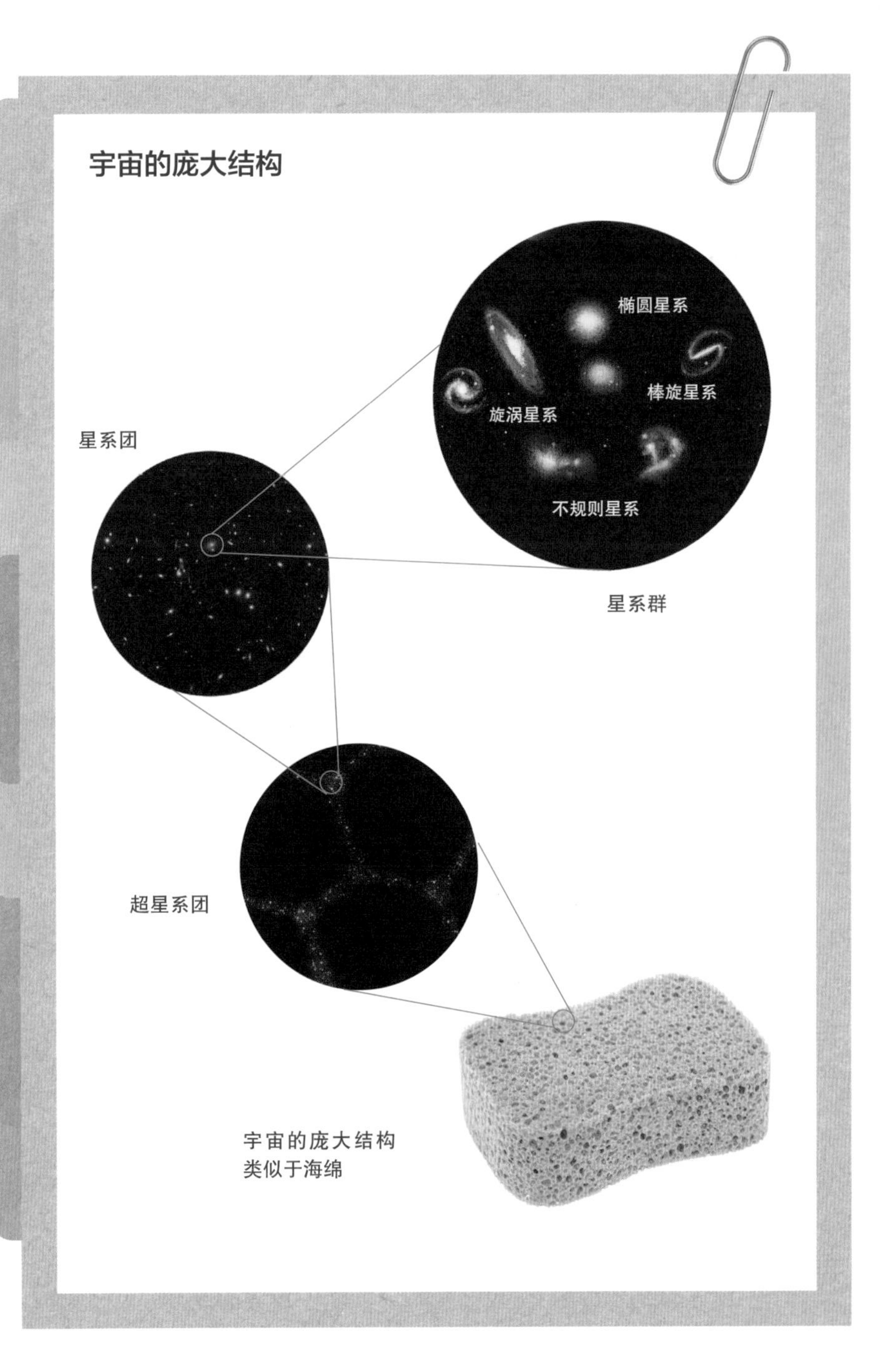
宇宙的庞大结构
椭圆星系
棒旋星系
旋涡星系
星系团
不规则星系
星系群
超星系团
宇宙的庞大结构
类似于海绵

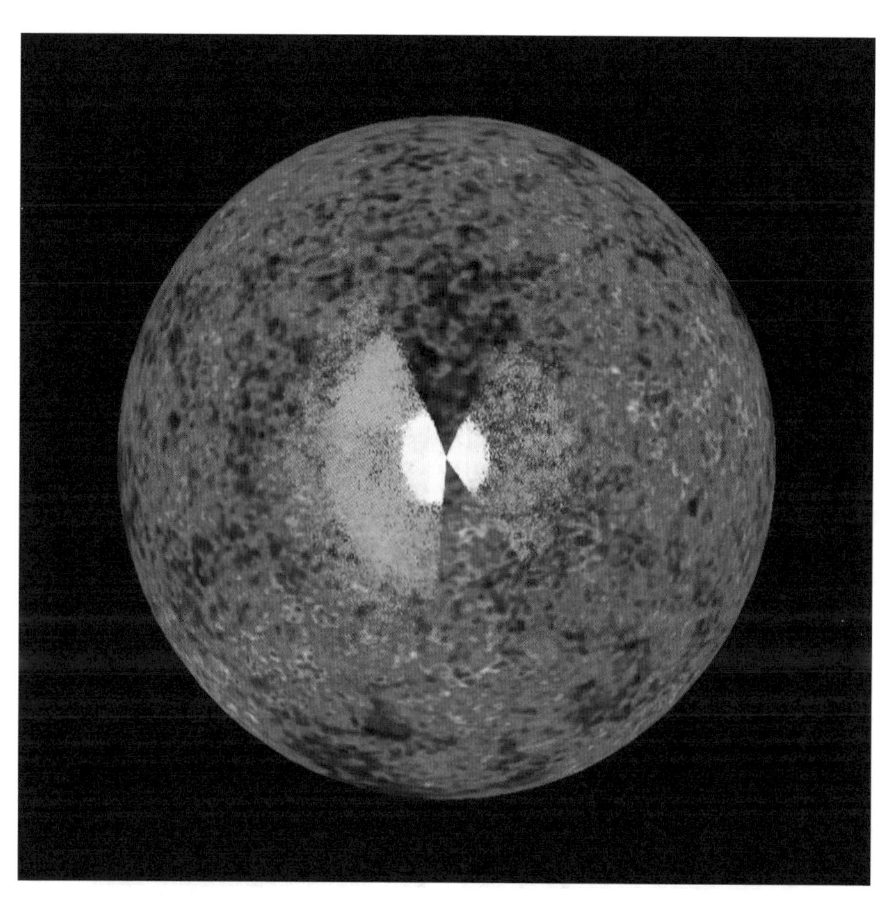

宇宙微波背景辐射图

科学家们以现在已观测到的数据为基础，把宇宙的庞大结构制成三维星图。想在这张星图中找到我们生活的地球，像用超高性能显微镜寻找细胞里的一个电子一样困难。首先在室女超星系团的中心部位寻找室女座，然后在以此为中心，大约 6 500 万光年的范围内，仔细观察雾蒙

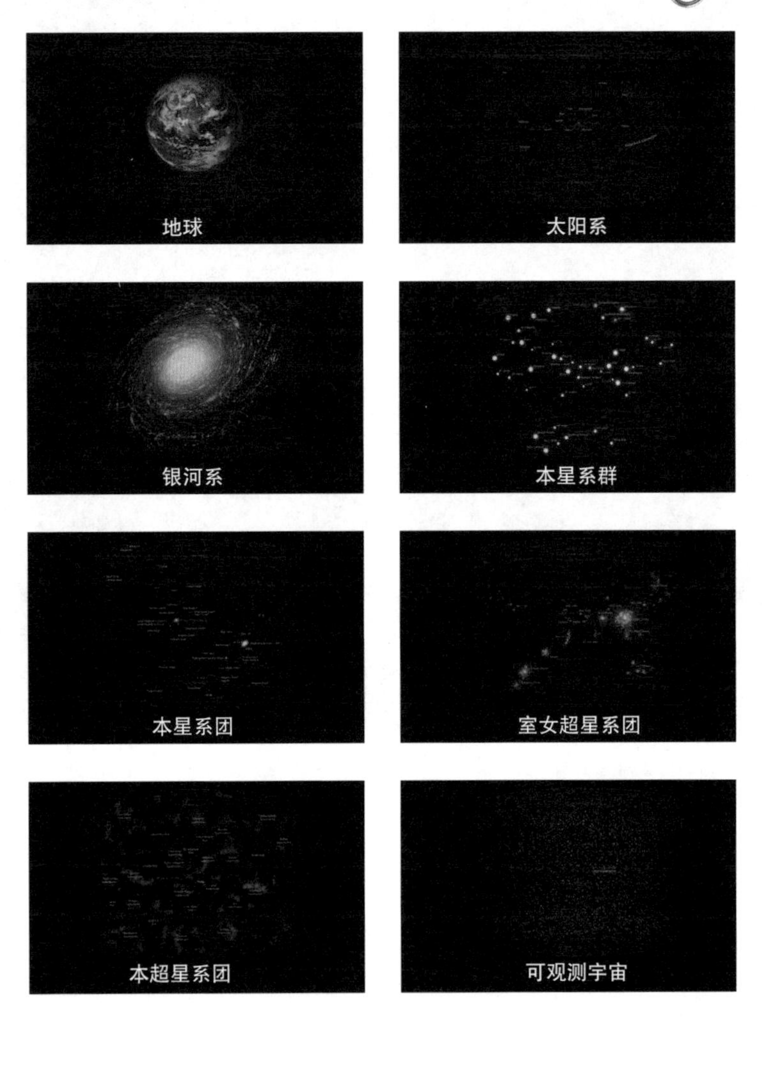
三维星图
地球
太阳系
银河系
本星系群
本星系团
室女超星系团
本超星系团
可观测宇宙

蒙的小群落，从中找出以每秒数百千米的速度向星系团中心移动的本星系群。在本星系群中，找到最亮的仙女星系，就会发现离它最近的另一星系。现在，我们在这一星系的 1 000 亿颗恒星中找一下太阳。从星系中心延伸出的旋臂上有颗恒星，环绕它的小蓝点就是漂泊在宇宙中的地球。生活在灰尘般大小的蓝色行星上的我们，正在探索宇宙的庞大结构、宇宙诞生的瞬间和宇宙的进化。渺小的人类居然能了解如此巨大的宇宙，这的确是件令人十分惊奇的事情。

室女超星系团

位于地球的室女座方向大约 5 300 万光年的超星系团。大约由 1 300 多个星系组成。超星系团中心包含以巨大的椭圆形星系 M87 为代表的椭圆星系，周围分布着旋涡星系。据推测，这是一个年轻的超星系团，质量庞大并通过与附近物体的融合而不断发展壮大。

隐藏的质量——暗物质

1974 年，普林斯顿大学教授詹姆斯·皮布尔斯和欧斯垂克以宇宙中存在的物质的质量为基础，研究星系的稳定性。他们假定宇宙中现存的已知物质的总质量，运用具有质量的物体之间因引力相互吸引的物理定律，试图解释宇宙是怎样变化的。

他们凭借当时所知的物质的质量和分布情况观察银河系的运动变化情况，但模型显示银河系无法如现实中的一样保持稳定的运动状态，而是在旋转中逐渐散开，分裂成几个部分或变为棒形的高旋形态。他们认为恒星和星系相互吸引的引力不足才导致了星系离散，因此宇宙需要更多的物质。他们努力寻找虽有质量，但不与电磁场相作用的物质（更多的质量）。宇宙需要更多质量的证据持续出现，他们不知道产生剩余那些质量的究竟是什么，就把它们称为“暗物质”。

“暗物质”一词初次被人类知晓是在 1930 年。弗里茨·兹威基在观察了大约 3 万个星系团后发现，当星系旋转时存在使星系稳定的引力，产生这种附加引力的是一种质量非常大的物质。通过弗里茨·兹威基发表的论文，暗物质的概念被广泛传播。

20 世纪 60 年代，美国卡耐基研究所的天文学家薇拉·鲁宾的研究使暗物质研究得到普及。按常识来说，天体离星系中心越远，其绕中心运动的速度越慢，然而鲁宾的观测结果却不同，这一点引起了人们的关注。她发现位于中心的天体和外围的天体几乎都以相同的速度移动。引力因距离变远而变弱，因此远离质量中心的天体运动得慢一些，才能不脱离中心。而距中心较近的物体运动速度得快一些，才能维持旋转，不被吸入中心。在以太阳为中心旋转的行星中，近处的行星运动速度快，远处的运动速度慢，这些都在证明引力法则的存在。但是星系外的天体

薇拉·库·鲁宾

鲁宾确信星系能在旋转中保持形状，必然是因为存在一些看不见，但有质量的物质。她在介绍和普及暗物质研究方面发挥了重要作用

不符合这个规律。因为在旋臂外，以中心部位的恒星的速度运动的话，会向外反弹出去。人们在星系中未观测到为维持高速公转所需的引力而必需的额外物质，星系也并没有因缺少这些必需的质量而崩溃，事实上行星继续维持着高速运动。鲁宾通过观测天体运动，了解到如要保证星系之间的运动符合万有引力定律，则必然存在一些尚未被发现的物质，且这些物质比已知的一般物质的质量总和还

不同距离下恒星和行星的速度差距

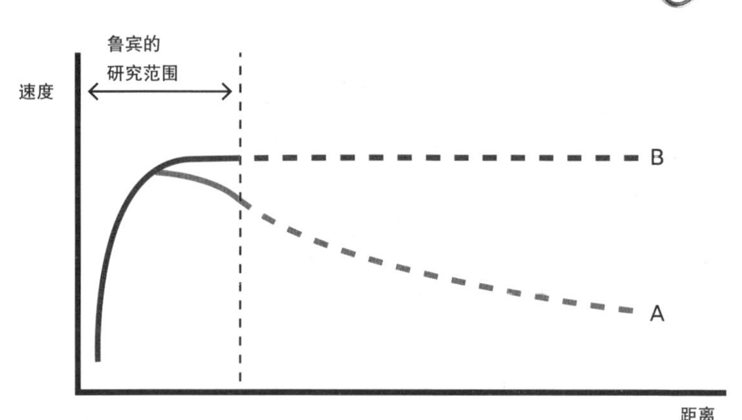

星系中心一定距离外的天体为保持公转，会降低速度。（A 为恒星的公转速度。）但位于星系外围的行星无论离星系中心的距离为何，都会保持着一定的速度。（B 为行星的公转速度。）按照万有引力定律，行星理应脱离公转轨道

要大。

虽然无法观测到，但是只有暗物质存在才能解释这一出现在宇宙诸多地方的现象。用射电望远镜观测没有恒星的远方时，你会发现气体像恒星一样快速旋转着。依据万有引力定律，快速旋转的气体应该会因离心力而被抛出，但是持续旋转的现象证明了氢原子受到了未知物质的引力作用的影响。暗物质包围着包括地球在内的宇宙的一切。

运用大爆炸理论，我们可以预测现在宇宙的总质量。就拿太阳系来说，太阳的质量占全部质量的大部分，所以地球等行星的质量不会给总的质量带来多大变化。科学家们虽然已测定了宇宙中具有质量的气体云、尘埃、死亡的恒星、不发光的所有物质的质量，但是这些都达不到总质量的 5%。占据宇宙大部分质量的暗物质约占宇宙总质量的 22.8%。

暗物质虽然具有质量，但是不与光发生相互作用，所以自身不能发光，也不能反射周围的光，因此无法被观测。我们可以通过由质量的相互作用产生的引力现象来知道这些。通过光在宇宙中出现奇异折射的现象以及星系运动不符合引力作用规律的现象，可以推知暗物质的确存在。不与物质发生电磁相互作用的冷粒子，质量是由原子构成的物质的总质量的 5 倍——为了寻找符合这些条件的构成暗物质的粒子，科学家们一直在努力。

从 80 多年以前开始，科学家们就致力于研究暗物质的本质。暗物质与普通物质一同在宇宙诞生初期创造了星系和恒星，在创造宇宙的庞大结构的过程中，始终扮演着重要角色。暗物质的引力紧紧抓住快速移动的星系使它不能飞出星系团。现在科学家们正在努力寻找暗物质强有力的候选者——中性微子和轴子。通过这样的研究，暗物质的本质将逐渐显现出来。

暗物质的形成过程

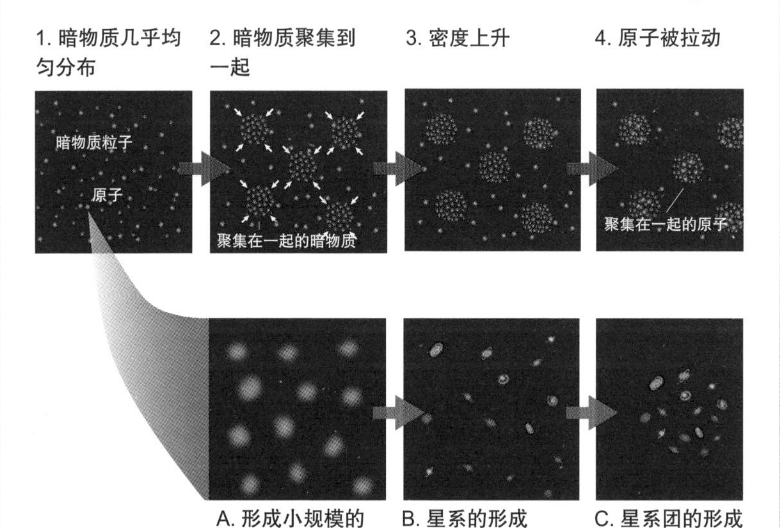

在宇宙诞生之初暗物质与原子共存并均匀分布的状态（1）下，部分暗物质会聚集到一起（2），出现了部分密度高的地方（3）。质量大的地方会出现引力作用，周围的原子也会聚集到一起（4），从而生成物质“不均匀”（A），从中形成星系（B）和星系团（C）

加速宇宙膨胀的暗能量

牛顿在去世之前留下这样的话：“我不知道世人是怎样看待我的，但是在我的眼里，我不过是一个在海边玩耍的小孩，在人类的脚步从来没有踏入过的真理的大海面前，因偶然找到了十分光滑的鹅卵石或特别漂亮的贝壳而开心罢了。”

随着时代的发展，最尖端装备可观测的范围迅速扩大，但是宇宙依然很神秘。哈勃空间望远镜的观测证明了宇宙膨胀的事实，之后科学家们继续争论：诞生之初急剧膨胀的宇宙随着时间的推移会重新收缩，还是持续膨胀？抑或是膨胀速度渐渐放缓？

1988 年，珀尔马特研究小组和施密特研究小组分别证明了宇宙在加速膨胀的事实。白矮星触发超新星（Ⅰa 型超新星）爆发时的亮度几乎相当于银河系全部天体的亮度，因此所有Ⅰa 型超新星爆发时的绝对星等几乎一致。研究这类超新星的绝对星等，测定距离，通过波长变化等可以推测宇宙大爆炸时的密度，由此得知宇宙是加速膨胀的。

宇宙是由暗物质、星系和星云等具有质量的物质之间的引力结合起来的，星系团里的天体也由引力捆绑在一起，由此可知使宇宙膨胀的力比引力更大。这种使宇宙加速膨胀的未知能量就是暗能量。根据最近捕捉宇宙微波背景辐射的 WMAP 的观测结果，我们得知暗能量占据宇宙成分的 73%。

现在推测，暗物质具有排斥力。普通物质所处的空

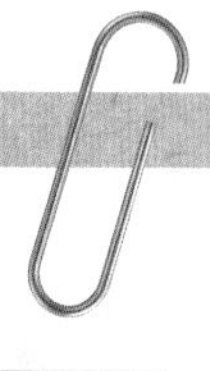

封闭宇宙，平坦宇宙，开放宇宙

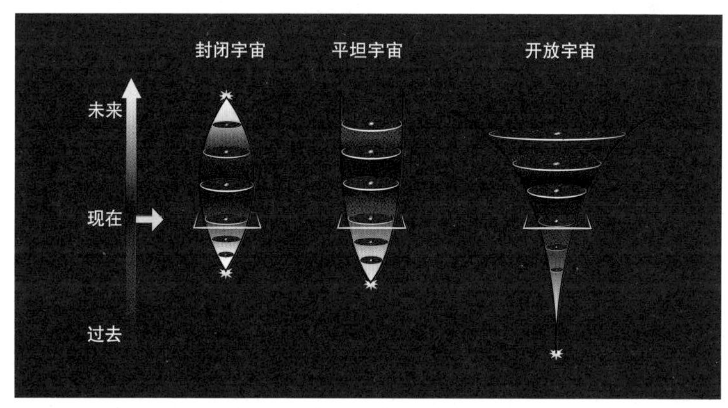

在宇宙学中，宇宙分为封闭宇宙、平坦宇宙和开放宇宙。宇宙的平均密度足以终止星系膨胀，使宇宙收缩到大挤压阶段，这就是封闭宇宙；宇宙所拥有的物质足以使其膨胀速度减缓，但又不发生坍缩的现象，是平坦宇宙；如果宇宙质量不大，引力不足以降低其膨胀速度，就是开放宇宙

间变大，密度就会变小；相反，暗物质所处的空间变大，其密度维持不变。目前，科学家们正以占据空间的真空零点能假说为基础对此进行研究，同时观测宇宙大爆炸后从膨胀减速到加速时宇宙的模样，试图弄清暗能量的变化。

我们关注暗能量是因为它会左右宇宙的未来。根据暗能量的性质，宇宙会加速膨胀或离散，也会坍缩成一个点。总之不管以什么方式，揭开暗能量神秘面纱的过程，也是人类扩大认知的契机。

至此，我们了解了是物质的引力创造了恒星和星系，是暗物质维持着恒星、星系和宇宙的庞大结构，暗能量使宇宙加速膨胀。这就是现代宇宙论的标准模型。

星云

发出热或电磁波的由星际空间的气体和尘埃结合成的云雾状天体。目前，科学家们发现了约 1 000 个星云，它们内部或周围总是有星系。

大爆炸分离出的四种力

宇宙依靠力的均衡出现新的形态，或者让原有的形态消失。吸引物质的吸引力和排斥物质的排斥力就是结构形成的原动力。吸引力中存在要把质子和中子结合在原子核里的强核力，带正电的核、带负电的电子的电磁力（电磁相互作用），以及有质量的粒子的引力。排斥力中同样有正/负的粒子之间的电磁力和随着中子崩溃放出质子、电子时产生的弱核力。

在吸引力和排斥力的均衡性方面，有趣的是吸引力和排斥力与不同物质发生作用，其范围和大小也不同。受引力和电磁力以及只在短程内产生的核力的作用，物质有时凝聚，有时离散。受引力影响而从远方飞来的粒子携带动能，时而散射，时而发生强烈撞击，战胜核与核的电斥力，进入核的范围与核结合。原子核周边的温度是物质动能提升的基础，增加了物

引力、电磁力、强核力的大小

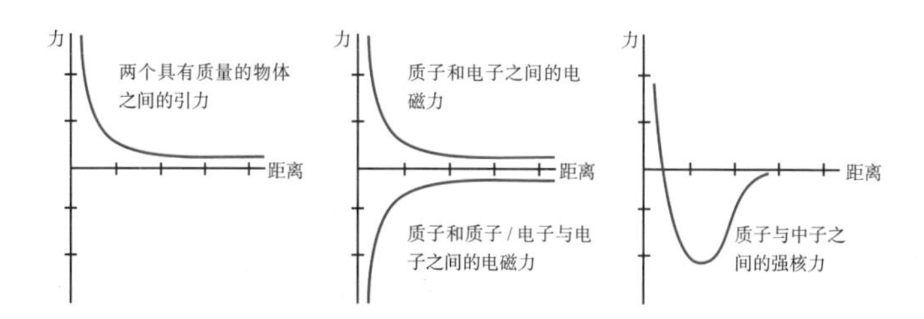

虽然引力和电磁力在图上呈现出相似的趋势，但电磁力比引力力程更短，作用力更大。但由于电磁力不能集中在整体上，所以不会作用于像引力一样广阔的范围内。这三张图表明吸引力类别不同，作用的范围和大小也是不同的

质间结合的复杂性。

宇宙大爆炸初期，四种力（强核力，弱核力，电磁力，引力）凝聚在一起。起初宇宙中存在粒子夸克，比起能束缚这些粒子的强核力，其他的力都是微弱的。夸克在强核力的作用下结合成复合粒子，这些生成的粒子又因高能而分解成夸克。宇宙随着膨胀温度降低，夸克会结合起来形成质子或中子这样的强子。

宇宙里有质子、中子和电子。虽然温度逐渐变低，但宇宙仍然很热，质子和质子、质子和中子以飞快的速度相撞，进入强核力的力程范围，被强核力俘获。

由于强核力，质子和中子、质子和质子结合，产生了氘核、氦核。弱核力在核内部引起原子核的 β 衰变（原子核破坏的一种）。

大爆炸过去38万年后，宇宙的温度降低到3 000开尔文，质子和中子的运动速度降低，未能达到强核力力程范围。但是因为质子而体现正电的原子核和带负电的电子之间产生了电磁力，自由穿梭的电子被原子核束缚，于是放出光量子变成了中性的原子。之前原子核与电子未能结合时的高温等离子态宇宙由于光量子与电子

原子的光吸收和辐射

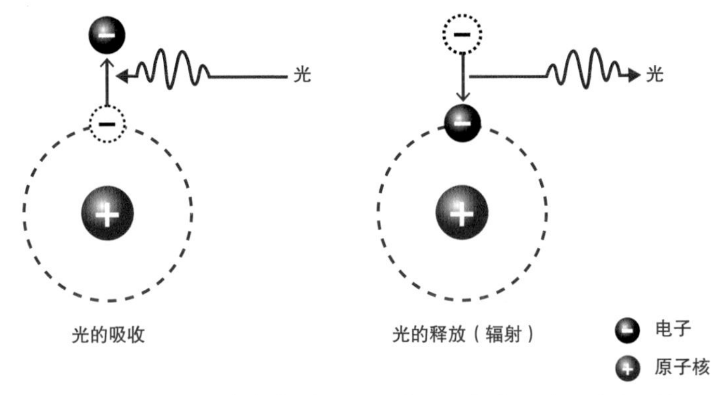

当电子与原子核吸收光能时，电子从原子核中逸出；当电子与原子核结合时，会释放光

的纠缠作用无法自由移动而始终处于雾蒙蒙的状态。但是随着电子被核俘获，光就可以自由移动并射向全宇宙。宇宙诞生初期的光随着宇宙的膨胀，波长逐渐加长，137 亿年以后我们也能观测到宇宙微波背景辐射。

随着物质向宇宙散布，最弱的引力开始着手自己分内的事。物质之间会产生引力，哪怕在非常远的地方也会发生作用，质量大的物质会吸引质量小的物质。几乎均匀膨胀的宇宙有了十万分之一的微小分布差异，物质向密度更高的地方聚集。随着质量变大，引力也变大的物质成了构成恒星和星系的种子。

光速与距离

假设恒星在离我们地球 10 光年的地方爆发（超新星爆发），地球会怎么样呢？恒星爆发时的能量是惊人的，从爆发的恒星中发出的射线和粒子会使地球上的生命体灭亡。那么我们怎么知道恒星爆发了呢？

恒星爆发如同放烟花。放烟花时，先有火花，然后听到爆炸声。但是在宇宙中，恒星的爆发我们是听不到的，因为宇宙空间几乎是真空状态，没有传播声音的媒介——空气。恒星爆发发出的光到达我们眼睛的瞬间，射线同时以光速到达地球。当然，距离 10 光年的恒星在 10 年前已经爆发，光经历了 10 年时间才到达地球。恒星爆发的时间和人类知晓的时间是有差异的，因此，宇宙的距离以光一年走过的距离——光年为单位。

光 1 秒钟能跑 30 万千米，能围绕地球转 7 圈半。用这个速度围绕太阳转一圈大概需要 15 秒。从太阳

烟花绽放类似于恒星爆发

到地球（1.5 亿千米）大概需要 8 分钟。闭上眼睛数一数 8 分钟，就可以感受到所需时间有多长。

光的速度非常快。在人眼所及范围内，事件发生的时间与人们目击事件的时间是几乎不存在差异的。但是在宇宙这样巨大的空间里，事件发生的时间和人们目击事件的时间有明显的差异。假如太阳消失了，我们至少在 8 分钟后才能看到这个事实。光不是时时刻刻都能看到的，它是在一定时间里具有一定速度的物理现象，所以多用来测定距离。

下面是一个有趣的智力游戏。20 世纪 70 年代，发射到太空的宇宙探测器上装载了证明人类存在的象征物。2019 年 12 月 31 日，火炬星上的外星人发现了该探测器携带的金属板。火炬人把自己的行星位置和高性能望远镜设计图用电波发送到地球，上面写了以下信息：

“我们是距离地球 10 光年的火炬星上的智慧生命体，可以用高性能望远镜看到地球。收到此信息后，请及时按照我们发射的设计图制造望远镜。2030 年 1 月请通过它观测火炬星，我们将为您举办一场烟花表演。”

如果地球人按照火炬人发射的设计图制造了望远镜，在约定的时间看到了火炬星，那么会发生什么呢？我们有四个选项：

1. 火炬人在准备说明书和信；

2. 烟花表演还没有开始；

3. 火炬人开始进行烟花表演；

4. 烟花表演结束。

2029 年 12 月 31 日，地球人捕捉到了火炬人发来的信号，及时制造出望远镜，并在约定的时间观测火炬星。那时用望远镜观测的画面是 10 年前火炬星的 1 月 1 日。给地球人发送信息以后，火炬人第二天就开始准备烟花表演。如果比约定的时间更快地制造出望远镜的话，就能看到火炬人准备烟花表演的样子（2）。如果精确地按照给定时间制造出望远镜的话，就能看到烟花表演（3，正确答案）。这天和这天之前没能制造出望远镜的话，第二天再观测，烟花表演就已经结束了（4）。虽说宇宙里观测到的是过去的光，但是我们看不到发出信息之前火炬人的模样，因为向地球移动的光是信息发出之后的光。即使看到了外星人的信息和外星人居住的地方，那也是信息到达地球之后的事情了。

2 星系是怎样形成的？

仰望星空，繁星闪烁。望着大气干燥而稳定的夜空，就有可能发现灰白色的恒星聚集在一起形成的星团或星云。要是用巨大的天文望远镜观测，便可以看到许许多多肉眼无法识别的恒星。这些隐约可见的成千上万的恒星，同 20 世纪 20 年代发现的恒星一样都在银河系之外。它们离我们非常遥远，所以很难看到它们的模样——既像是恒星（在距离非常遥远的情况下），又像是星云（相对于银河系附近其他恒星的情况）。如果用分辨率高的天文望远镜观测的话，就可以看到恒星各种各样的形态。像我们身体里的一个个细胞，浩瀚的宇宙也是由一个又一个的星系聚集而成的。仔细看看这个庞大的网状宇宙，它就像是一幅点彩画。那一个又一个的点便是星系，它意味着宇宙中有数千亿个星系。那么星系是如何形成的呢?

星系的设计图

对于星系的形成过程，学界目前还未找到直接证据，因此类似大爆炸或宇宙膨胀论的理论还未能成为定论。到了 20 世纪 90 年代初，星云、岛宇宙、星系这样的概念还混杂在一起。其中，宇宙只有一个星系的主张和除了许多已知星系之外还有其他星系的主张一直“争斗”不休，直到 1925 年，哈勃才结束了这场纷争。

首先看一下星系这个概念。就拿构成生命体的基本单位——细胞的结构来说，它包括具有控制机能的核、产生能量的线粒体、合成蛋白质的核糖体等。这些把各自的作用细分化的结构聚集起来，使细胞得以正常运转。星系也包含了形成一个小宇宙的材料。有可以制造所有物质的星云，在星云中有生有灭的恒星还会留下中子星、黑洞、行星状星云等痕迹。在我们的银河系里，恒星、星云、黑洞、星际物质、暗物质等各种各样的要素形成了一个和谐的组合。一般星系的中心聚集着许多物质，因此存在巨型黑洞。以这个巨型黑洞为中心，被引力捆绑的天体叫作星系。

就像细胞分为肌肉细胞、神经细胞、皮肤细胞一样，星系也有各种各样的种类。哈勃是第一个观测星系形态并对其进行分类的人。像恒星又像星云的这些星系，其实与银河系一样，都是宇宙的基本构成单位。通过天文望远镜看到的星系虽然有各种形态，但可以在大的框架上分类为椭圆星系、透镜星系、旋涡星系、棒旋星系和不规则星系。

星系首先可以根据是否呈现出特定形态而分为不规则星系和规则星系。不规则星系没有对称或规律的结构。与之相反，规则星系根据是球状还是有旋臂，分为椭圆星系（E）和旋涡星系（S）。椭圆星系根据扁率，按照从球状到扁平状的顺序分成 E0 ~ E7。旋涡星系根据是否有贯通中心区域的棒状结构分为棒旋星系（SB）和一般旋涡星系，根据旋臂的展开程度和核球相对于盘的大小又细分为 a、b、c。另外，兼有椭圆星系和旋涡星系形态而见不到旋臂的扁平镜片状星系叫作透镜星系 S0 型。

哈勃研究星系的过程与上面一致（也分为 E、S、SB），这对研究星系的进化过程很有帮助。将细胞核染色进行观察，就可以看到各种细胞有各自不同的核。就像可以观测到细胞的分裂过程一样，星系的模样蕴含着星系进化过程的秘密。

目前发现的星系中，旋涡星系占据了绝大多数。星系团外部有许多旋涡星系，这些旋涡星系依然拥有充沛的星际物质和气体，是能创造许多恒星的年轻星系。

旋涡星系中心是具有核球结构的星系盘，核球上延伸

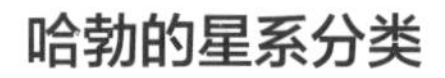

哈勃的星系分类

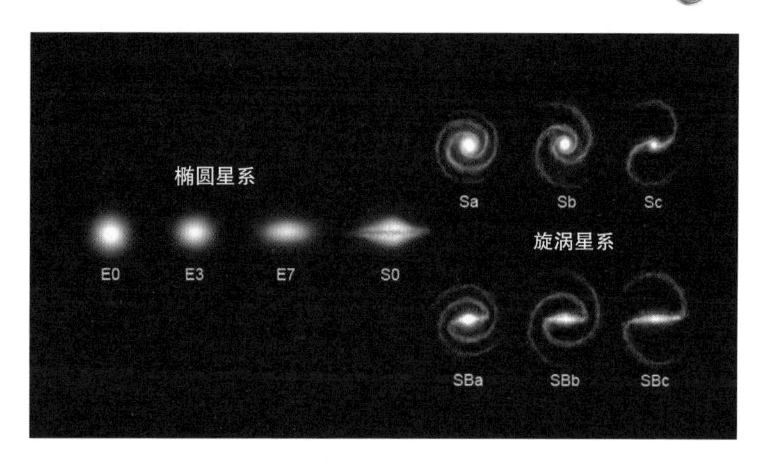

E 是无旋臂的椭圆星系，S 是从中心伸出旋臂的旋涡星系，SB 是从棒状结构上伸出旋臂的棒旋星系

出两个以上旋臂并形成旋涡，周边围绕着星系晕（halo）。旋涡星系的核球上布满了衰老的恒星，旋臂上则错综复杂地分布着众多高温的年轻恒星、星际物质以及暗星云等。旋涡星系是比较年轻的星系，大部分呈现出蓝色。有的旋涡星系的核球上延伸出对称的棒状结构，旋臂从棒状结构的末端伸出，这种星系被称为棒旋星系。

椭圆星系位于星系聚集的星系团的中心部位，大多是因星系间长期相互碰撞、聚集而变大的。这种星系中大部

不规则星系（小麦哲伦星系）。恒星与星际物质呈现无规律分布形态旋涡星系（NGC 3031，M81）。
由明亮而巨大的核球与从核球延伸出来的旋臂组合而成

棒旋星系（NGC 1300）。横穿中央核球的棒状结构，两侧末端有旋臂

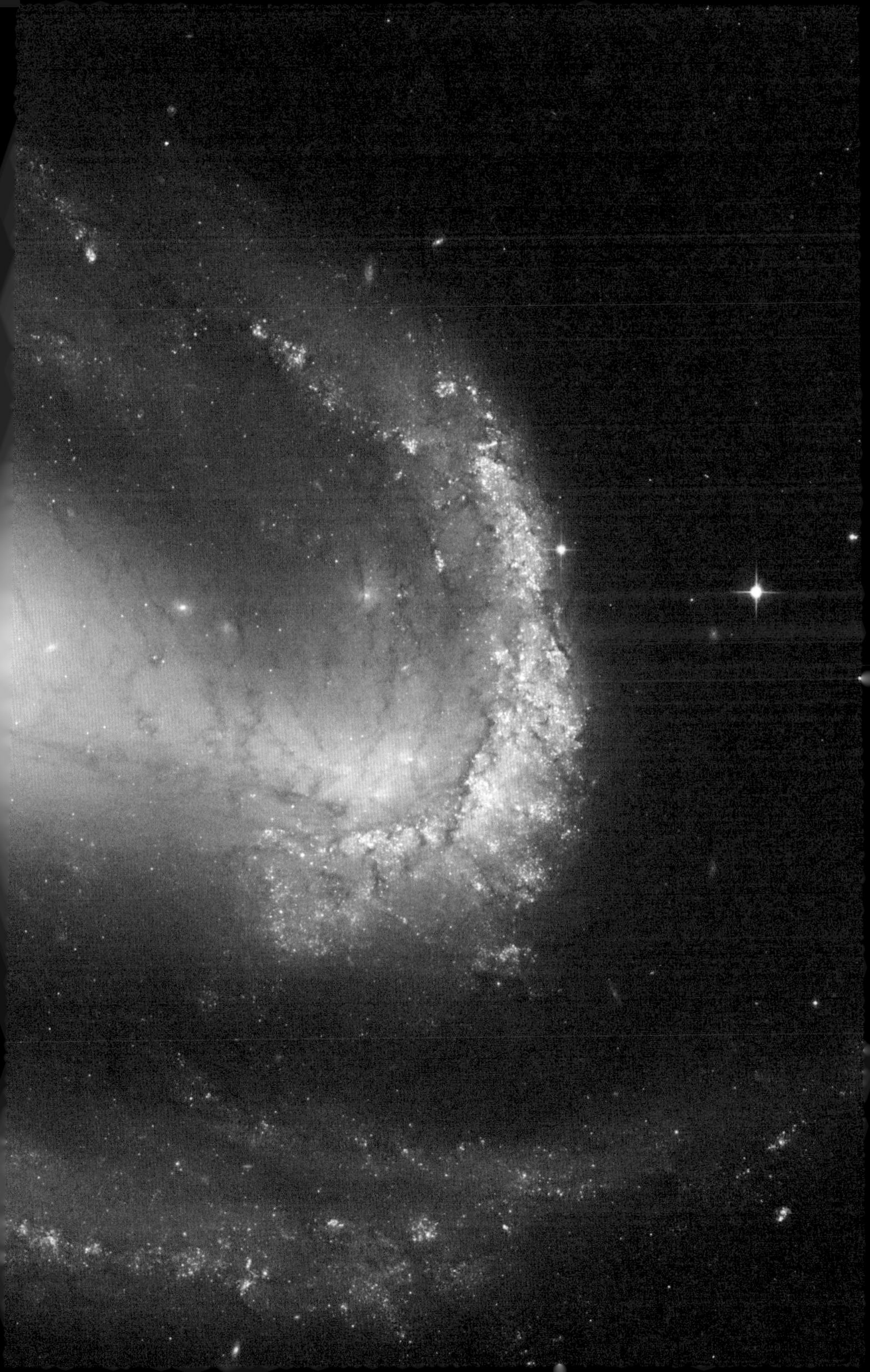

椭圆星系（M60）。无数恒星呈球状分布的椭圆星系没有旋臂分是没有星际物质或气体的衰老的恒星，因而呈现红色。

旋涡星系和椭圆星系又大又亮，所以很容易被发现，但是不规则星系大部分没有特定形态，所以很难被发现。比起椭圆星系或旋涡星系，不规则星系拥有更多的星际物质，所以可能创造出比其他星系更多的恒星。

星系晕

星系盘周围分布的球状领域。

除此之外，还有一种特殊的天体，离我们非常遥远，但凭借自身强大的射电波证明了自己的存在。与安静的天体不同，它喷发强大的能量，这种天体被统称为活动星系。科学家初次观测到这种天体时，发现它与我们已知的天体有很多不同，也难以正确把握它的物理特性。目前推测，活动星系的强大射电波是物质被巨型黑洞吸进去时产生的。

从目前观测到的结果来看，几乎所有的大型星系中心都存在巨型黑洞，被黑洞吸进去的物质（如恒星、气体）会放出强大的能量，呈现出活动星系的形态。所以即便是普通星系，在星系因相互碰撞或相互作用而使黑洞获得新物质时，也能成为活动星系。

活动星系的分类

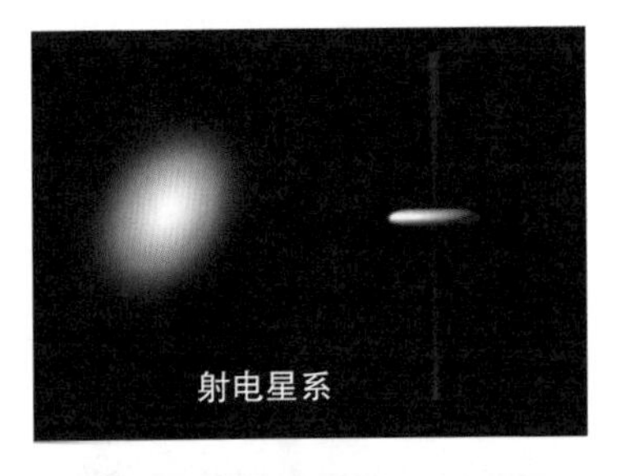

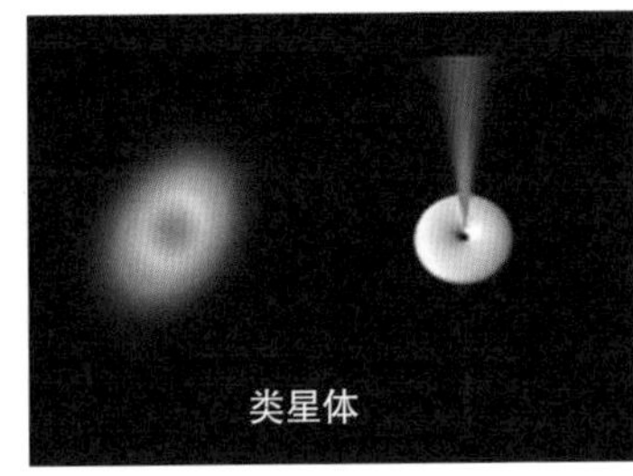

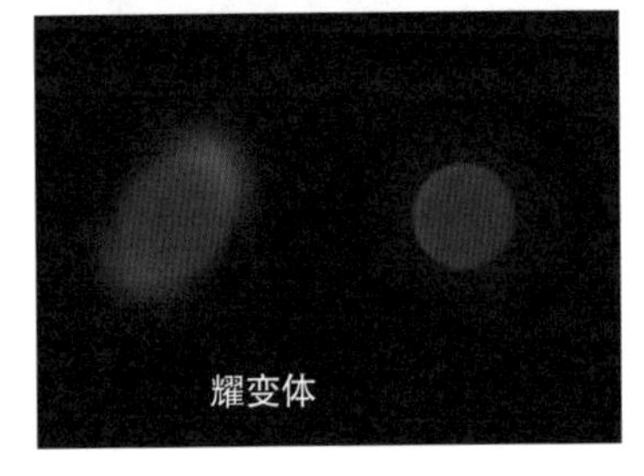

活动星系根据观察角度的不同，分为水平喷流的耀变体、垂直喷流的射电星系、既不垂直也不水平喷流的类星体

星系的形成与发展

我们观察河外星系等同于察看宇宙历史。太阳光照射到地球仅仅需要约 500 秒，但若想看到银河系边缘的星光，则足足需要 6.5 万年的时间。这个距离意味着我们现在看到的是 6.5 万年前银河系边缘的模样。距银河系 127 亿光年的星系给我们展现的是宇宙诞生了大约 10 亿年的模样。从这个角度看，我们是在与过去的宇宙相遇。

随着宇宙的膨胀，星系的分布密度也越来越低。来自远方的光承载着那个地方的天体信息。幸亏光的速度是固定的，大约每秒可以前进 30 万千米，因而我们可以估算天体的年龄。现在我们看到的光承载着天体的过去，所以可以根据天体的距离窥视它的过去。因为光的波长随着星系的移动而有所改变，所以分析星系发出的光的光谱，就可以测定星系与我们的距离和年龄。科学家们为了研究星系的形成原理，用这种方法比较远处与近处的星系，探索星系间的差异与变化过程。

宇宙中一旦形成星体，星体里的气体云团就会聚集在一起发生核聚变，这时随着光的产生，恒星便形成了。换句话说，星系根据是否有光，分为星系和原星系。那么星系是如何形成的呢？虽然对星系的形成过程，科学家通过各种各样的测量值和理论进行了说明，但至今还没有准确说法。关于星系的形成存在两种观点：第一种观点认为，巨大的气体云团在旋转的过程中收缩分化为星系；第二种说法是随处可见的小的气体云团在引力的作用下聚集在一起形成了星系。科学家最近还利用计算机进行了模拟实验，发现大的气体云团成为星系需要漫长的时间，所以小的云团聚集起来形成星系的说法更具可能性。

早期的星系是星际物质和尘埃聚集在一起缓慢形成的。宇宙诞生之初，经过 10 亿年的酝酿，宇宙中的氢和

哈勃空间望远镜以可见光波段拍摄的照片。这是约 130 亿年前早期宇宙的模样

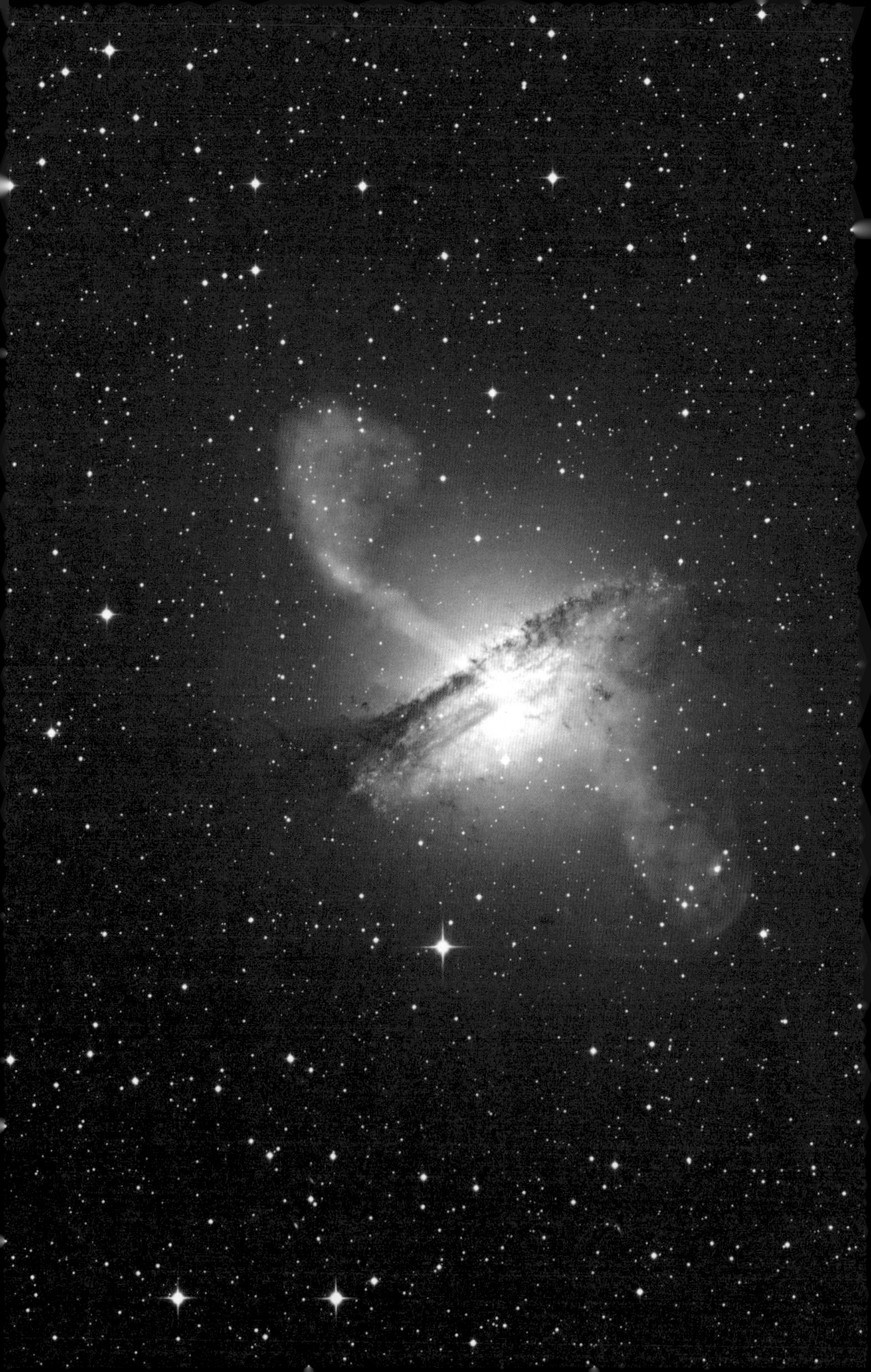

氦在引力的作用下相互碰撞，融合成星云，从而具有了早期星系形态。星系开始形成之后，经过数亿年的时间，星系中心逐渐衍生出了黑洞、球状星团、中心核球。星系产生初期，同时诞生了众多恒星，数十万至数百万个恒星被引力束缚形成球状星团。此外，在星系中心生成的黑洞吸收物质，加速了中心核球的形成。随着时间的流逝，中心核球周边无法变成恒星的物质沉陷下来形成星系盘并慢慢旋转。在这个过程中，星系盘上的物质相互碰撞、混合，再次生成恒星，这些恒星要比星系晕和球状星团年轻。

早期星系是通过星系之间的冲突和合并而进化的。初期星系之间的碰撞非常频繁，小星系常被大星系合并。现在研究一下星系的分布，也会发现独立存在的星系很少，大部分星系都形成了星系集团（星系群）。虽然宇宙正在膨胀，但是星系之间的引力作用更为巨大。目前由于宇宙的膨胀，星系之间的距离越来越远，所以相互碰撞的可能性就降低了，不过现在我们仍然可以观测到遥远宇宙中早期星系相互碰撞的场面。离银河系最近的仙女星系也因受到引力的牵引逐渐靠近银河系。仙女星系虽然距银河系 200 万光年，但它正以 40 万千米的时速向银河系靠拢，可以确定大约 40 亿年后，两个星系将不可避免地发生碰撞。而这两个星

半人马座星系（NGC 5128）是巨型椭圆星系，通过红外空间望远镜（蓝色部分）和射电望远镜（橘色部分）观测，捕捉到从星系中心黑洞中奔涌而出的高能粒子喷流。这可能是两个星系碰撞、合并的场面

系合在一起后必将创造出巨大的椭圆星系。

星系的形成和演化机制是现代天文学的核心研究领域，这也意味着到目前为止我们还未查明星系形成的准确原理。前面我们通过天体的运动速度了解到星系中存在本身虽不发光，但有质量的暗物质，因此我们推断在星系形成之前，随着由暗物质构成的星系晕的生成，星系得以演化。而对在星系形成的过程中或许起到核心作用的暗物质，目前我们还知之甚少，希望日后随着对暗物质研究的深入，星系的形成原理能够有明确的答案。

物质和空荡荡的空间

如果把一滴水放大到地球的大小，那么一个原子相当于一个棒球的大小。

——劳伦斯·布拉格（物理学家）

若将原子比喻成足球场，那么原子核便如同足球一般大。

——马尔科姆·朗盖尔（物理学家）

假设将130厘米高的孩子放大到地球大小，那么孩子的身体就是由直径为1毫米的原子结合起来制造的细胞、DNA（脱氧核糖核酸）、蛋白质构成的。若将1毫米大小的原子放大看的话，原子中的大部分都是空的，只有原子万分之一大小的原子核以及围绕其周围的电子，是维持身体状态的基础。

就像我们的身体一样，世界也是由原子构成的。

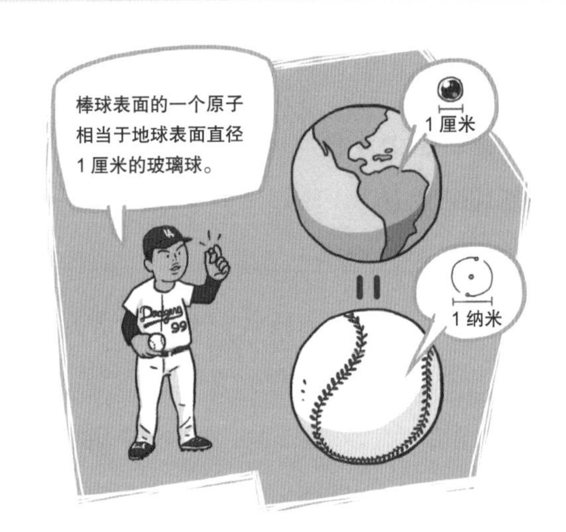
棒球表面的一个原子相当于地球表面直径1 厘米的玻璃球。
1 厘米
1 纳米

如果把一个原子看作棒球场大小，那么原子核相当于棒球场中央直径 1 厘米的玻璃球。
在棒球场到处出现又消失的电子，其大小相当于玻璃球的万分之一。

原子核在原子中所占的空间不过是原子的几千亿分之一。而如此微小的原子核又是由更加微小的质子和中子合成的。

构成原子核的粒子被称为核子，包括中子和质子，核子是由上、下两种夸克构成的。3 个夸克可以聚集起来产生质子（2 个上夸克和 1 个下夸克）或是中子（2 个下夸克和 1 个上夸克）。而这 3 个夸克占据自身大小 1 000 倍的空间形成质子或中子，构成原子的核。那么只要压缩夸克所占的空间，便可以将人类也压缩到 10 纳米（10^{-8} 米）大小。换句话说，我们的身体大部分是空荡荡的空间。

棒球表面的一个原子可以比作地球表面的一颗直径为 1 厘米的珠子。若再仔细观察棒球上的原子，就会发现构成原子的百分之九十九的空间都是空的。原子是由只有原子直径万分之一的原子核与几个一亿分之一的电子构成的。如果将一个原子比作一个棒球场的话，那么原子核就是棒球场中央的一颗直径为 1 厘米的珠子，电子则相当于这颗珠子直径的万分之一，原子核也与此类似。构成原子核的物质是质子和中子，质子和中子也是由比自己小很多的3个夸克构成的，所以它们的大部分空间也是空的。看起来很结实的棒球，其实也是由大部分体积空荡荡的原子构成的。这也意味着以棒球为代表的所有物质的大部分空间都是空的。

3 银河系是什么模样?

万里无云的晴朗天气里，在远离都市的山野或是人迹罕至的海边可以看到横跨夜空，绵延到地平线的一条微白的带子，人们称它为银河。在韩国，人们还把它看作神兽出没的天路，或者是地平线对面升起的神秘烟雾。银河蕴含着无数的传说，现在我们知道太阳系是银河系的一部分。

不同于宇宙中的其他天体，探索银河系花费了我们数个世纪。早在15世纪，人们就观测到仙女星系，而银河系的形态最近才得以了解。为什么探究银河系如此之难呢？这好比看一座建筑，如果从天上往下看的话，会一目了然，但是从建筑里面看的话，则很难看清楚。同样的道理，因为我们在银河系里生活，所以很难看到银河系的全部。

随着无数科学家的探索研究和科学技术的发展，银河系的形态正在一点一点被揭示出来，其物理特性和构成几乎可以很准确地被我们了解。太阳系是银河系的一部分，下面我们来具体了解一下银河系。

银河系的发现

1610 年，伽利略用自己的望远镜观测银河，发现银河是由恒星组成的。在此之前，这些仅仅是假设。1785 年，赫歇尔用肉眼数恒星，画出了银河系剖面图，但这就像在大雾笼罩的森林里数树一样，遥远的星光是没法数清的。1900 年以后，沙普利通过测定覆盖整个天空的球状星团变星的变光周期计算出了星团的距离和位置。沙普利预测银河系的直径约为 30 万光年（如今查明银河系的直径大约为 10 万光年），太阳系也不是银河系的中心，而是位于人马座方向的外围部分。

这个主张在 1924 年左右哈勃证明了仙女星系是河外星系后才更加具有说服力。

1958 年奥尔特使用射电望远镜分析银河系的氢原子时，发现其分布呈现出螺旋状。由于射电波的波长很长，不会受到气体或尘埃的干扰，所以可以测量出银河系的全

射电波捕捉到的银河系的氢原子分布

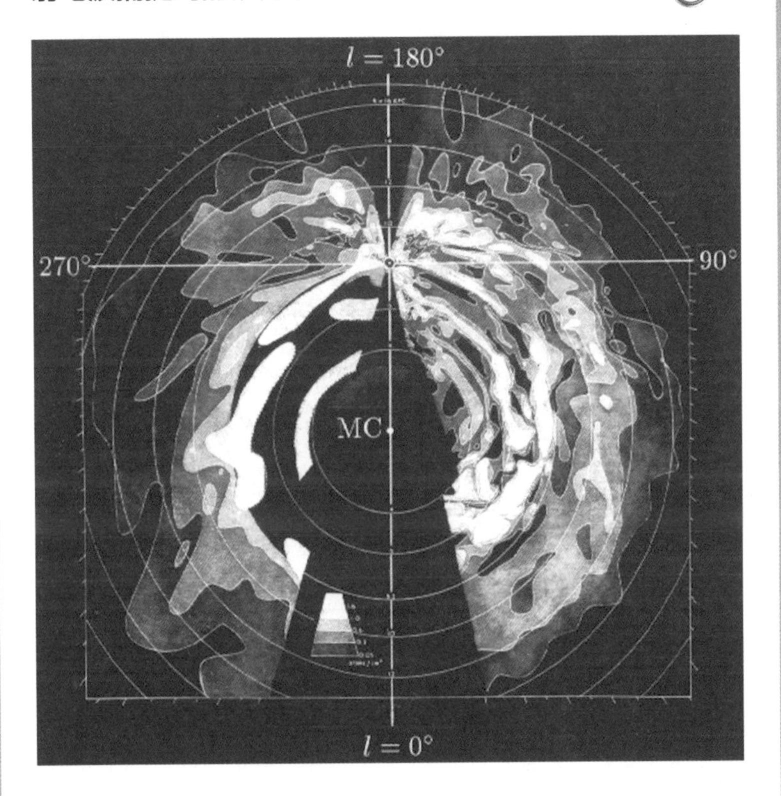

奥尔特用射电波测定的银河系氢原子分布呈螺旋状

部面貌。此外，奥尔特还确定了银河系的直径为 10 万光年以及太阳处于星系外围这一事实。以奥尔特的研究为契机，世界各地都安装了射电望远镜，在不同波段观测宇宙。

2005 年，利用红外空间望远镜，科学家确定了银河系中心为棒状结构，由棒的末端延伸出的 2 条旋臂和另外 3 条臂构成了我们这个棒旋星系。

银河系的构造

银河系的年龄是根据银河系内恒星的年龄推测的。迄今为止在星系盘上发现的最古老的恒星，其年龄大约为 132 亿年，而在球状星团上发现了大约存在了 136 亿年的恒星，由此可以推测出银河系的年龄大约为 137 亿年。以星系的中心为基准，原始星云和球状星团初步构造了星系的形态，再加上从引力捕捉到的周边小型星系中获取的物质，我们现在所处的银河系慢慢生成。

银河系的质量与仙女星系相比略轻一些。银河系的质量主要是通过银河系的旋转速度和我们到银河系中心的距离来测定的。2009 年，科学家利用射电望远镜重新对我们的银河系进行精密观测，此次观测结果将星系的实际旋转速度更正为 90 万千米 / 时，并且对基本的概念进行了全方位的修正，确定了银河系的总质量与仙女星系几乎相等，约为太阳质量的 2 万亿倍。银河系的质量大部分来自暗物质。

仔细观察银河系的构造，就会发现它由棒状结构中的

银河系的结构

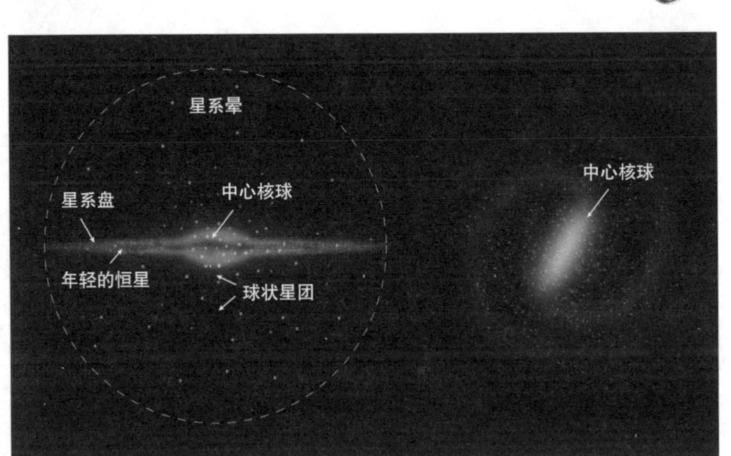

银河系中心核为棒状结构，与哈勃分类法中的 SBc 接近

中心核球、星系盘（旋臂），以及被银河系的引力束缚、环绕其上的星系晕构成。

银河系的中心核球直径约为 1.5 万光年，越靠近中心衰老的恒星越多，密度高于星系盘。之前已经证明，10 亿年前银河系由周边的小星系合并而成。最近科学家又发现银河系中心有一个直径为 24 千米的黑洞和一个比它小的黑洞。预计将来这两个黑洞会合并成更为巨大的黑洞。

旋臂所在的星系盘直径大约为 10 万光年，约以 90 万千米的时速进行公转。星系盘上分布着包括太阳在内

银河系的构成图。以银河的中心核球为基准呈现出如此松散的缠绕形态，是因为越远离银河系中心，天体的运动速度就会越慢

的许多相对比较年轻的恒星。由于离星系中心越远的天体运动速度会越慢，所以形成了这样弯曲的旋臂。旋臂上集中了质量比较大的大型星云，这里每年生成 5 ~ 6 颗恒星，正处在创造恒星的活跃阶段。太阳大约诞生在 46 亿年前，现在位于主旋臂与本地臂之间。

银河系星系晕的最大直径在 40 万光年以上，由球状星团、暗物质和星际物质构成。90% 的星系晕分布在距银河系中心 10 万光年的范围内，我们发现一部分球状星团位于距中心 20 万光年远之处，其规模可能与仙女星系相似。星系晕里不产生恒星，星系晕里的一部分星团朝着银河系旋转的相反方向运行。另外，最新研究发现，星系晕里还有因跟银河系相撞或被吸收而形成的碎片环。

银河系现在的结构，是在与周边星系的相互作用下形成的。银河系属于本星系群，是规模较大的星系。距离银河系大约 230 万光年的仙女星系和银河系几乎在同一时间诞生，所以它们是兄弟星系。这两个星系在引力作用下正在一点点地相互靠近，估计数十亿年后会发生碰撞，从棒旋星系变成巨大的椭圆星系。

恒星如何度过一生？

公元前几千年，巴比伦草原上的牧民们一边放羊，一边看着夜空。有时候，他们把特别明亮的恒星连起来想象成羊的模样，编织一个故事：一个少年骑着黄色的羊飞翔时，不幸把妹妹弄丢了。也许最早的星座是这样来的。

巴比伦的星座是托勒密根据古希腊神和英雄的48个故事整理而成的，韩国、中国和日本等东方国家也有不同版本的星座故事。其实，从古到今，在世界的各个角落都流传着不同的星座故事，每个星座在不同的国家也被赋予了不同的名字和不同的传说。

科学家们把浩瀚的宇宙划分成多个区域进行研究，并定期聚在一起共享研究成果。不过，把同一个恒星误认为

人们把天空中的恒星分为数群，赋予动物或神话人物的名字，是为星座。用肉眼看，每颗恒星与我们的距离好像都相同，其实差别不小

不同恒星的情况也时有发生，所以有必要把类似于星图的星座统一下来。于是，国际天文联盟确定了 88 个星座的名字以及它们的由来。

人类从很久很久以前就对恒星充满了关心与憧憬。银河系不过是数千亿个星系中的一个，仅这一个星系里就有数千亿颗恒星。

科学家们观察宇宙时，不是从感性和故事角度去了

解，而是从科学角度了解宇宙。他们通过观测各种各样的恒星和星系，研究恒星是怎样诞生的，它们的一生又是怎样度过的。

人们以为恒星永远在自己的位置上放射光芒，所以叫作恒星。其实恒星也像一个生命体一样，会经历出生、成长和死亡。自出生之日起，恒星的命运就被自身的质量决定了。诞生时的质量不同，恒星的寿命、成长的过程和结局也不同。质量大的恒星终结时更加华丽、激烈，而质量小的恒星则长时间发出微弱的光，然后慢慢消失。现在让我们共同追寻恒星从诞生、成长到死亡的一生，一起来预测一下恒星的命运吧。

恒星的摇篮——星云

在冬季的深夜里，我们很容易在南方天空中找到发出盾牌状光芒的猎户座。可以清楚地看到猎户座中间有连成一线的三颗星，还有一等星参宿四和参宿七，它是典型的冬季星座。猎户座上正在发生令人惊奇的伟大事件。如果用望远镜仔细观察猎户座，就会发现连成一线的三颗星中心的下面有四颗聚在一起的恒星。

围绕这四颗恒星隐约可见的云叫作“猎户星云”。猎户星云是发光星云，它从四颗恒星获取能量，直径足足有33 万光年，是巨型星云。在猎户星云中发生的特别事件就是恒星的诞生。即便是现在这一瞬间，星云也在不停地生产幼小的恒星。猎户星云是离我们地球最近的恒星的摇篮。

恒星从像猎户星云一样的被称为分子云的又黑又冷的星云里出生。

分子云
指宇宙中含有一氧化碳等分子的云状的特别区域。

宇宙空间里恒星和恒星之间存在

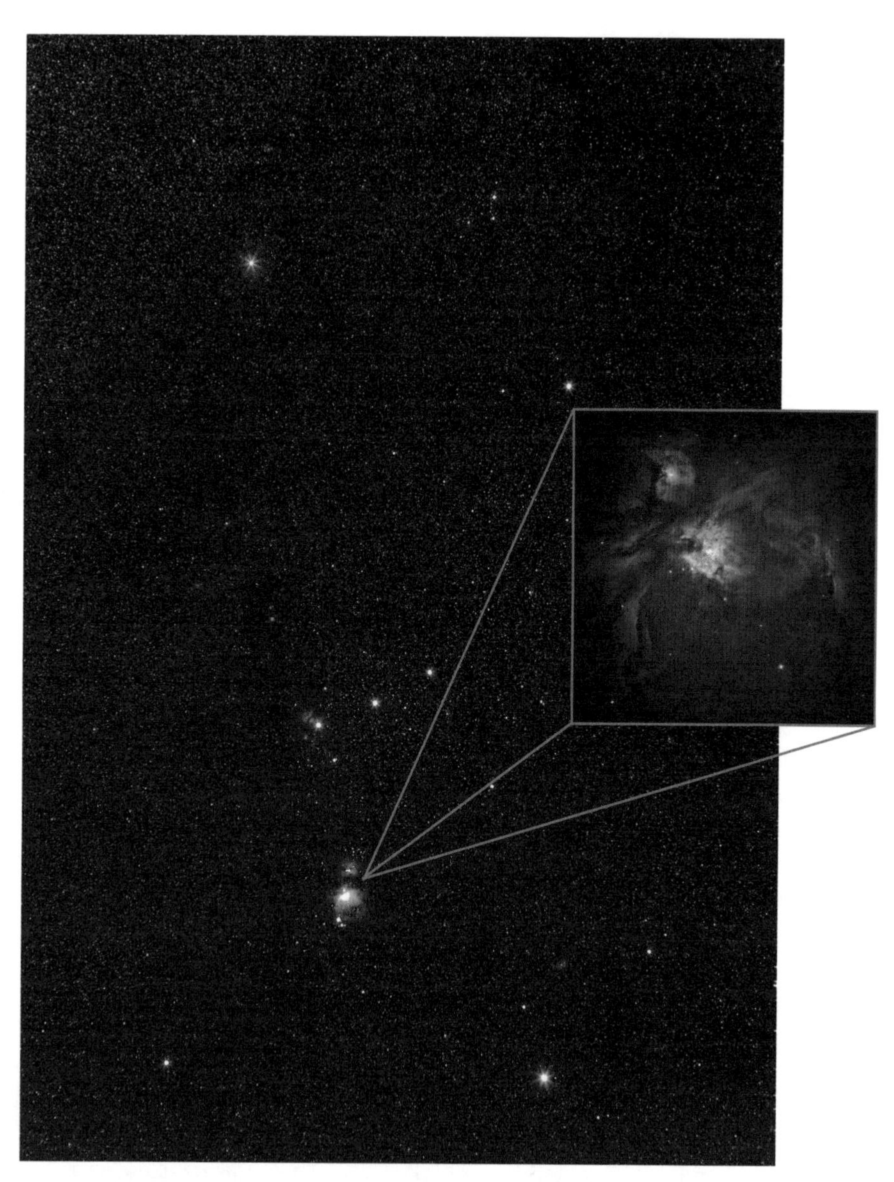

在可以看见连成一线的三颗星的猎户座里，存在还在产生恒星的猎户星云

美国国家光学天文台（NOAO）在可见光波段拍摄的猎户座马头星云

着少许的星际物质，它们几乎以真空状态低密度分布。这些星际物质由原子、分子状态的氢、氦气以及一些尘埃组成。

星际云

指的是星系里气体、等离子体、宇宙尘的结合体。这里星际物质的分布密度高于周边。

每单位体积里的星际物质是非常稀少的，但若将整个宇宙空间里的所有星际物质合起来就另当别论了。由于宇宙非常广阔，所以星际物质的质量可以达到太阳质量的数百万倍。这些星际物质就是创造恒星的材料。通常情况下，稀薄的星际物质是无法制造恒星的。

但是受到周边类似于超新星爆发冲击波的影响的话，原本均匀分布的星际物质就会变得不均匀，气体和尘埃会聚集在密度大的地方而产生恒星。这个过程尽管需要很长时间，但是即便此刻星云里也在源源不断地产生新的恒星。恒星主要分布在星际物质较多的星系盘部分。这样诞生的恒星终结自己的一生后，会再一次分解和散开，并回归到星际物质之中。

恒星生成时一次性地产生数十到数百个，形成恒星群。由于星际物质稀薄，气体和尘埃若想通过自身质量聚集在一起的话，至少需要拥有太阳质量的数倍到数千倍的质量。茫茫宇宙浩瀚无边，恒星的坍缩现象不只发生在一个地方，处处都有因气体和尘埃收缩而导致密度不均匀的

哈勃空间望远镜在红外波段拍摄的马头星云。可以看见马头上方新诞生的恒星

巨蛇座所在的球状星团 M5，是由 130 亿年高龄的许多恒星构成的巨型星团，是银河系中年龄最大的球状星团之一。这是通过哈勃空间望远镜拍摄到的照片

情况发生，而就在那些地方，同一时间诞生了许多恒星，这种出现成千上万星群的地方叫作星团。

星团根据形态分为球状星团和疏散星团。其中球状星团是数万到数百万个恒星密密麻麻呈球状聚集在一起，由于大部分是高龄恒星，所以整体散发红光。球状星团主要分布在包围银河系的星系晕和中心部位。

昴宿星团的恒星和围绕在它周围的星云。哈勃空间望远镜很清晰地拍摄到被蓝色反射星云包围的恒星。它是大约由 1 亿年前诞生的数千个年轻恒星构成的疏散星团

疏散星团相较于球状星团结构松散，是数百到数千个恒星不规则地零星分布的恒星集团。疏散星团大体上由高温、蓝色的年轻恒星构成，可以观测到周边有像云一样的星云碎片。这些碎片随着时间的流逝慢慢地被恒星吸收，使周边变得干净。疏散星团大部分分散在星系的星系盘部分。昴宿星团（M45）是典型的疏散星团，在韩国又被称

为小气鬼星团，在冬季深夜可以用肉眼看到。

在星云里出生的恒星会因为运动而离开出生的地方。所以我们看到的星云里的恒星大多是刚出生不久的恒星。不过，原恒星快要消亡时还会再一次地回到星云里去。因此，科学家们把星云称作恒星的生态系统。

恒星中的元素

促使恒星诞生的种子是在星际物质聚集起来质量变大后，因自身引力而收缩时产生的。早期星云的温度比较低，物质的动能不够。动能小，引力起主要作用，物质就会收缩，这样气体和尘埃向星云的中心飘移，中心的密度随之增高，慢慢形成球状。我们把它称为恒星的种子。

构成球状种子的气体因引力而收缩，把势能转化为动能，慢慢变得活跃起来，温度也随之升高。随着温度的升高，气体的膨胀压力增加，一部分热能以红外线的形式释放出来。在未找到膨胀压力和引力的平衡点之前，热能释放会持续发生，气体会反复收缩和膨胀。

在这种状态下，引力收缩几乎停止的时候，种子中心会形成高密度的核，这个核叫作原恒星。还未成为恒星的原恒星温度不高，不易观察。原恒星继续吸收周边的气体和尘埃，变得更重，中心的密度和温度也不断上升。中心温度到达 1 000 万开时，质量剧增的原恒星会吸收周边更多的气体而变得更重，原恒星中心的密度会更高，温度也会更高，接着就会发生氢聚变，并随之放出强光。聚变意味着恒星的心脏开始跳动，破茧成蝶，一颗恒星诞生了。

流体静力平衡

就像太阳的主要成分是氢和氦一样，大部分恒星以等离子体状态存在。构成恒星的等离子体状态的物质，由于两个不相上下、相互对立的力，形成了动态平衡。一个是把构成恒星的物质往恒星中心拉拽的引力，一个是使气体不停往外膨胀的内部压力。引力和内部压力在恒星内部的每一个点上完全平衡，使之维持球形。这种状态被称为流体静力平衡状态。

如果恒星的引力增大，等离子体状态的物质开始收缩的话，恒星中心的温度便会上升，并且开始旋转。温度上升，气体也会变得活跃，要膨胀的内部压力逐渐增大。恒星的平衡状态虽然在崩溃的边缘徘徊，但是随着温度的上升，产生的热能会向恒星的外部释放，两股力又逐渐趋于稳定，最终慢慢回归平衡状态。由引力和温度的上升产生的热能会向恒星外部释放能量，所以膨胀的压力和收缩的引力又可以再一次回到平衡状态。而维持两股力的平衡，对于恒星来说，是一生中必做的课题。

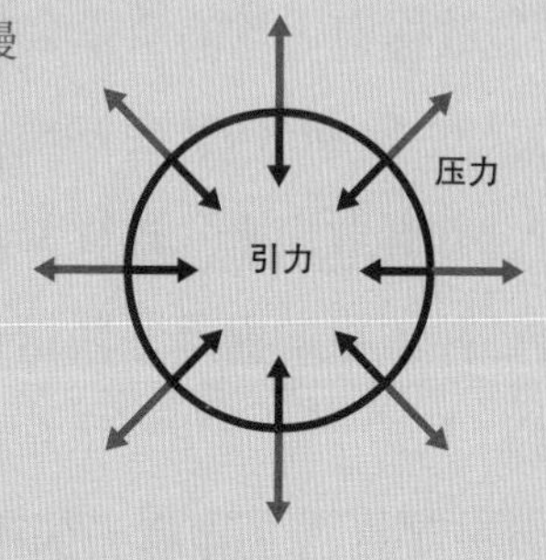

恒星的引力和膨胀的压力实现平衡

那么什么是聚变呢？就是2个氢原子结合起来变成1个氦原子并产生非常剧烈的核反应。氢原子是由1个质子和1个电子构成的。在电磁力的作用下，其他粒子很难接触到氢核，此外，2个氢原子相遇时质子之间会产生相互排斥的力，因此两个核的结合几乎是不可能的事。

氢原子在几百万摄氏度的高温下，会成为质子和电子分离的等离子体。若温度持续上升，等离子体状态的氢核就会快速运动，相互碰撞，发生聚变反应。在高温的恒星中心，等离子体状态的氢核相互碰撞，产生比两者间的排斥力还强大的核力，质子相互结合。此时氢核的强核力要比作为排斥力的电磁力强100倍以上。

2个质子结合成包含1个质子和1个中子的氘核。氘核和氢核再次结合成质量数为3的氦。2个质量数为3的氦结合后生成包含2个质子、2个中子的质量数为4的氦核。

在这个过程中，核的质量会略微减少，若代入爱因斯坦的著名公式 $E=mc^2$，就会发现质量损失多少，能量就生成了多少，并释放出来。这样释放出的能量中，伽马射线的能量会加热恒星的内部，使恒星不因自身质量产生的引力而崩溃。

2个氢原子核质子在核力的作用下结合到一起需要10亿年时间。2个质量数为3的氦核结合在一起成为质量数

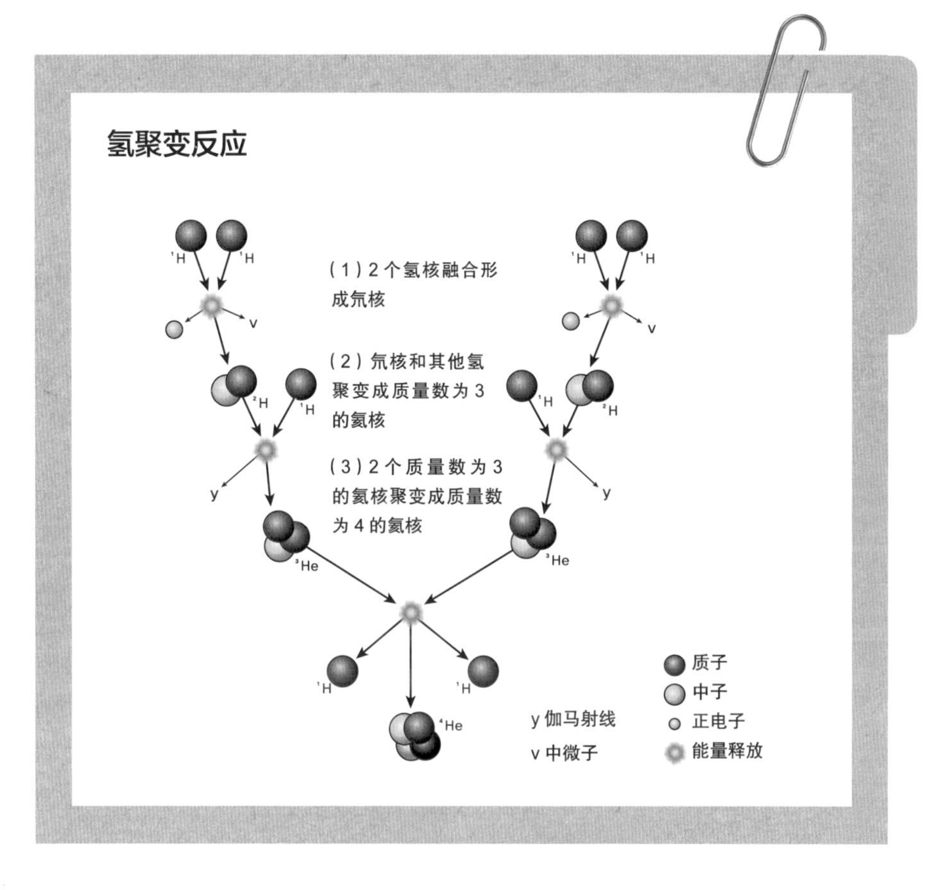

为4的氦核需要100万年时间。只看说明会觉得这是很快就可以完成的事，其实要经历漫长的时间。我们应该感谢聚变反应没有快速进行。如果太阳以非常快的速度发生核聚变的话，我们就会受到比现在强几千倍的强烈照射，而且如果比可见光能量更高的伽马射线照射下来，那么地球上的生命几乎都会灭绝，太阳也会因氢迅速消耗殆尽而加速灭亡。

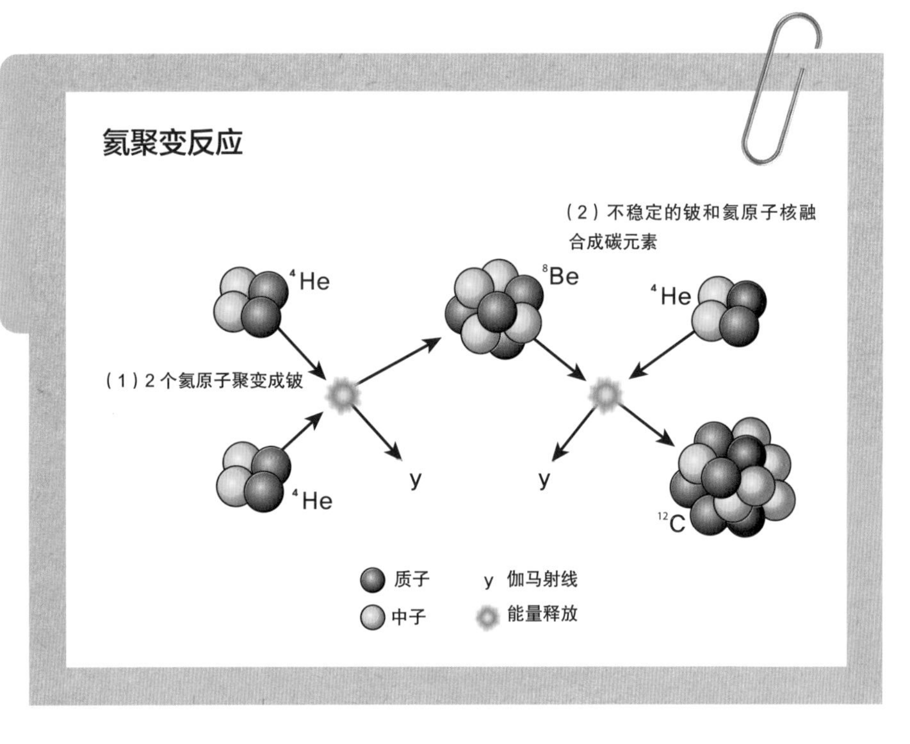

如果氢聚变反应能制造氦，那么恒星的中心会更重并开始坍缩。如果此时中心温度上升到 1 亿开尔文，就会产生其他的聚变反应。这时恒星也由于制造了氦消耗了很多氢元素，从而变成老年恒星。老年恒星的中心会发生氦聚变，在这个过程中形成碳元素。氦元素一枯竭，就会发生碳聚变，随后经过一系列的连锁反应产生碳、氖、镁、硅、铁等重元素。

当然并不是所有的恒星都会生成重元素，这取决于恒星最初形成时的质量。从原恒星时就拥有很多氢而成为质量大的恒星的话，就可以生成重元素。拥有与太阳相似质量的恒星还能制造碳元素。

研究恒星的科学家们说，包括我们在内的生命的起源便是恒星。除了大爆炸早期产生的氢和氦，现在构成我们身体的大部分元素是恒星中心一系列连锁聚变反应中产生的。恒星的聚变反应产生的最重的元素便是铁，更重的金或银等元素是通过超新星爆发等类似反应形成的。就这样，在恒星生与死的过程中，几乎所有物质的元素都形成了。

超新星

恒星结束一生的最后一刻，会在爆发的一瞬间释放出非常巨大的能量，爆发的亮度达到平时的数亿倍，然后慢慢减弱，此时的天体就是超新星。

构成我们身体的要素

我们的身体虽然由 24 种元素组成，但其中有 4 种占到我们身体总质量的 96%。而这 4 种元素里包含了氢元素和氧元素，它们相结合形成了水。我们身体中有 70% 是水。

3 000 开尔文
质子
电子
数百万开尔文
电子?
电子你要
去哪儿?
1 000 万开尔文
哐
当
要找像我一样
的小家伙!
质量数为3
3He
氘
氢在哪儿?
2H
当
当
哐
3He
4He

恒星的一生

人的一生，最长也不过一百年左右。随着年龄的增长，人的身体会生病，器官的功能也会随之丧失，然后慢慢地走向死亡。现在人们主要采取火葬方式处理遗骸，将骨灰装进骨灰盒里进行保管。同样，恒星也有寿终正寝，结束一生的时候，灭亡后也会留下遗骨和残骸。现在让我们一起来仔细了解一下恒星的一生吧。

我们根据恒星的几个演化过程给恒星做一下分类。还未成为恒星、处在星云中的阶段，质量的 75% 都是氢元素。受引力影响，气体云在氢聚变发生之前持续压缩，直到氢聚变发生。原恒星在聚变的强光中诞生。原恒星虽然有球形、椭圆形和长条形等各种各样的形状，但是大部分都是气体云聚集在一起发光的形态，一般没有什么特定的模样和特征，所以都称为原恒星。原恒星从稳定下来到成为恒星为止，通常需要花费 10% 的寿命。当然，并不是所有原恒星都可以成为恒星。

等密度到了一定程度时，中心核才会进行聚变反应，发出光芒，原始星这时才有了成为恒星的资格。燃烧氢元素发出光芒、达到最活跃阶段的恒星，被称为主序星。经历过聚变进入稳定阶段后，恒星剩下的 80% 的时间都是作为主序星存在的。这与一个人经历第二性征成熟，成为成人的过程相似。

恒星内部的聚变反应快要终止时，恒星在剩余时间里便以这种不安定的状态慢慢地走向死亡。随着内部氢元素消失殆尽，恒星不再产生能量，星核也开始收缩。在这种收缩状态下，能量开始促使核外部的氢元素发生聚变反应，于是恒星的内部收缩，外部膨胀。但不是所有恒星的最后阶段都是这样的，根据恒星的质量，其过程也不同。如此看来，恒星与生俱来的质量决定了演化的过程和死亡。

人出生时一般重 3 千克左右，是一生中体重最轻的时候。相反，恒星出生时是一生中最重的时候。出生时的质量决定了恒星的特性、寿命，甚至最后的瞬间。恒星早期的质量，根据聚集了多少气体和尘埃而有所不同。恒星拥有了一定的质量，才能产生引力，才能维持发生氢聚变反应所需的内部温度。木星之所以止步于行星，而不能成为太阳一样的恒星，就是因为木星的质量不够，不足以发生聚变反应。若想成为恒星，质量最小也要达到太阳质量的 0.08 倍。有的人认为若恒星的质量达到太阳质量的 150 倍以上的话，就会产生比引力更大的内部压力，从而引起爆发，但是最近观测到的超大恒星的质量是太阳质量的 265 倍，因此它备受人们关注。

恒星质量越大越接近蓝色，质量越小越接近黄色（褐色）。此外恒星质量越大，表面温度也会越高。根据质量的大小，恒星最短可以生存数百万年，最长恒星可以生存数千亿年。与人类的一生相比，恒星的一生可以说是永恒的，所以人类想观测恒星的一生是不可能的事情，但是科学家们通过研究宇宙中已有的恒星的分布，可以推测出恒星的一生是怎样的，通过计算机模拟实验可以研究出恒星的内部构造在一生中究竟是如何变化的。

根据恒星的质量不同，主序星的特征也不同。位于临界点的恒星的质量是太阳的 1.4 倍。由于我们生活在太阳系，对太阳相对比较了解，所以一般以太阳作为基准。我们把恒星分为比太阳质量小的恒星、与太阳质量相似的恒星、比太阳质量大的恒星以及比太阳质量大很多的恒星。与太阳质量相似的恒星大约有 100 亿年左右的寿命，终结时它们将成为白矮星。太阳只走过了 50 亿年，对应我们人类的一生来说，就像处于青年期，还很年轻。那么以后太阳会如何终结自己的一生呢？从现在开始让我们以太阳为基准来了解一下四种恒星的一生。

宇宙的基准点——太阳

将太阳作为宇宙的基准点或是当作比较对象。由于太阳离我们近，而且我们对太阳比较了解，所以即使比较下来倍率有些复杂，我们也依然把太阳作为基准。

氦聚变反应

位于蜘蛛星云的疏散星团（上）的超大恒星（下，构想图），打破了不可能存在质量为太阳质量的 150 倍以上的恒星的认知局限

比太阳质量小的恒星一生

比太阳质量小的恒星在作为主序星的时候历经了非常长的岁月。这样的恒星内部可以发生聚变反应，但是这种

反应小到只能勉强发出光芒。这种光芒在可见光波段是无法观测的，只能在红外波段来观测。恒星中心核中氢元素消耗殆尽后，无法形成下一阶段氦聚变所需要的压力，就会慢慢开始衰变。能量全部消耗后，恒星的温度会逐渐降低，直到再也无法发出光，最终慢慢死去。而维持恒星形态的是中心核聚变产生的压力以及引力产生的收缩力这两种力量的平衡。这样的恒星被称为红矮星，最具代表性的就是离我们太阳系最近的半人马座红矮星。

恒星的质量越小，寿命就会越长。质量越大，引力越大，向内部塌陷的力也就越大，因此想要阻止塌陷，就要扩大内部的压力。而阻止塌陷的压力可以加速内部能源的消耗，以非常快的速度燃烧燃料，放出大量的光芒，促使温度升高。预计红矮星的寿命约为 250 亿 ~ 1 兆年。

通过物理计算，质量约为太阳质量的 10% 的小型红矮星以主序星的形态大约可以生存 20 兆年，历经数千亿年慢慢地转变为白矮星。与太阳质量相似的恒星，若中心核聚变反应停止，周边就会形成氢层，质量小的红矮星则不形成氢层。只有产生氢层，才可以发生氦聚变反应，从而转变成红巨星。红矮星最终将从白矮星向无法释放光和热的黑矮星转化，然后结束一生。但是由于目前宇宙的年龄还不到 137 亿年，还未到形成黑矮星的时期，所以至今科学家还没有发现这样的事例。

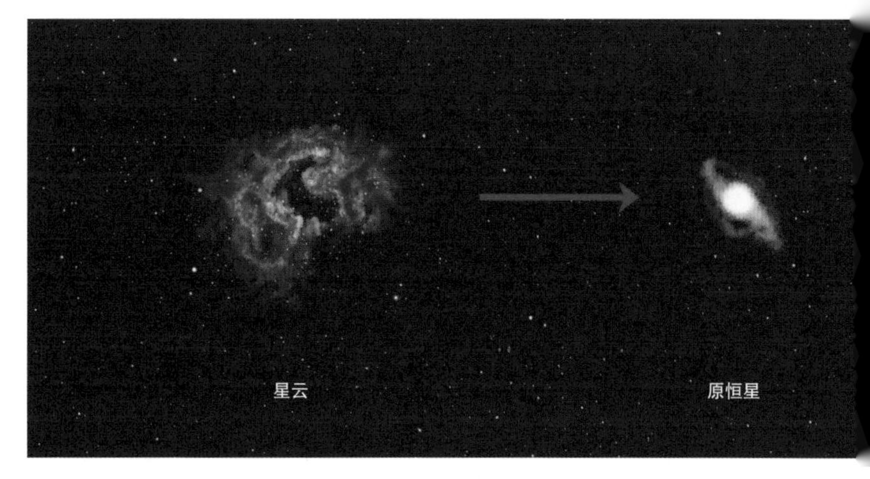

比太阳质量小的恒星的一生

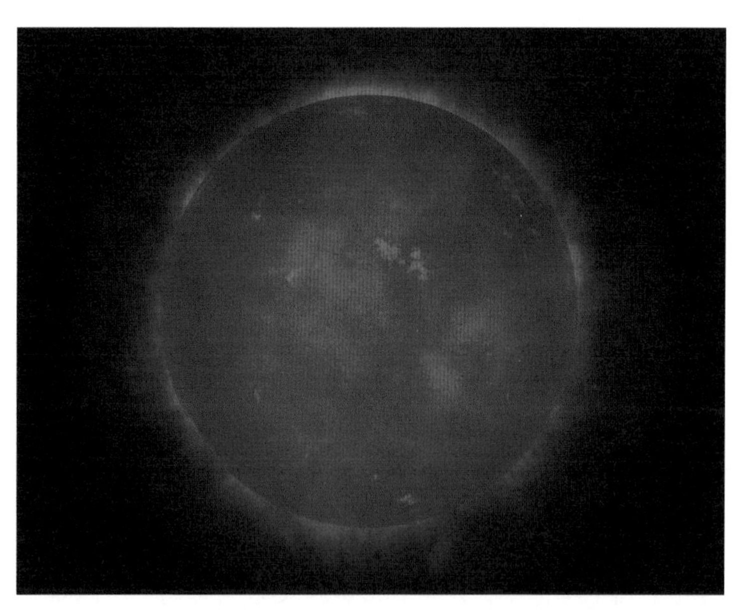

红矮星的质量大小不一，小到太阳质量的万分之一，大到太阳质量的一半。红矮星作为宇宙现存恒星中最常见的种类，大概占到所有恒星数量的 90%

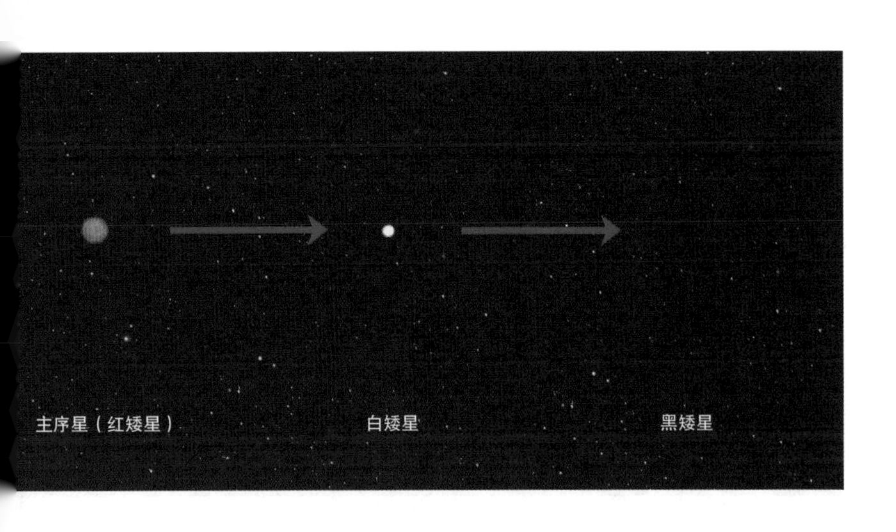

与太阳质量相似的恒星一生

因为太阳在全宇宙中属于小型星，所以被归类为矮星。太阳自出生便是黄色的恒星，100 亿年中会有 90 亿年都是作为黄色恒星度过的。与太阳相似的恒星从原恒星演化为主序星需要经历约 7 亿 5 000 万年的时间，在此期间，太阳的光芒比现在要亮很多，火星比地球存在水的可能性更大。太阳成为主序星后度过了 50 亿年，目前地球处于一个非常稳定的时期。在太阳最后 10 亿年的生命里，地球将不会像现在一样处于稳定期，而将再次陷入强烈的反应中。

恒星出生时质量最大，但是随着年龄的增加会变得越

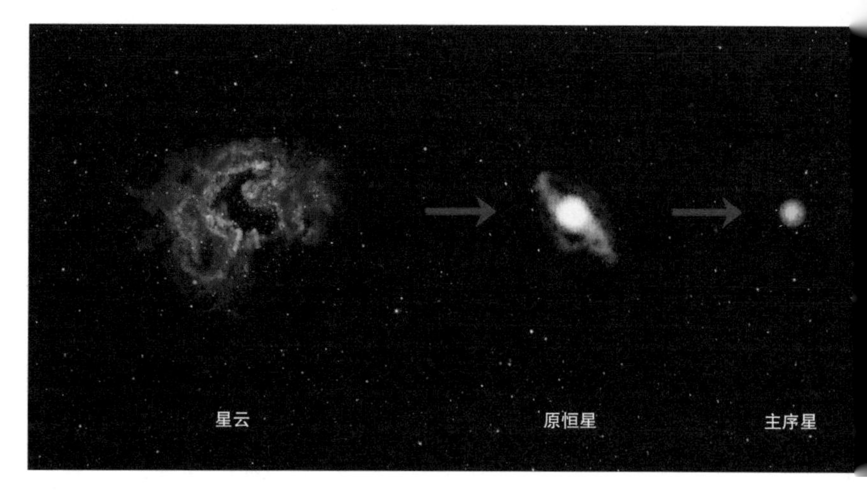

与太阳质量相似的恒星一生

来越亮，同时也会变得更大。等到内部的氢元素消耗殆尽，到了 80 亿 ~ 90 亿岁时，就会发生氦聚变反应。此时，就会产生碳、氮、氧等元素。待所有燃料几乎消耗殆尽，它会反复收缩和膨胀，直到最后慢慢找到平衡点，而这样的恒星被称为脉动变星。随着剩余的燃料燃烧殆尽，恒星会越发明亮，同时也会越发巨大，直到最后慢慢变为红巨星。由于这一过程中表面积扩大，质量几乎不变，所以表面密度降低，引力也慢慢变小，受此影响，星球的温度也慢慢降低。温度降低后，原本黄色的恒星也会逐渐变成红色。

红巨星的最后 10 亿年是最不稳定的时期。随着收缩

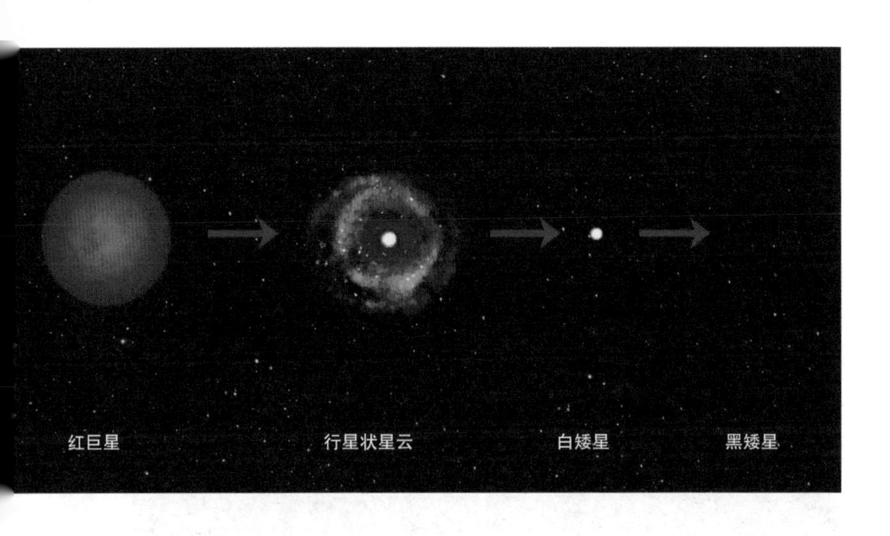

和膨胀反复进行，恒星外围会产生很多气体，在这个过程中，一个恒星会分裂成两个甚至多个，然后慢慢开始形成行星状星云。有的行星状星云会产生许多个圈，有的会形成均匀的圆形。

在恒星的中心，以碳为代表的重元素收缩，剩下温度和密度较高的小型白色恒星——白矮星。比地球半径小的白矮星不会再发生聚变反应，也不发出光芒，就这样历经数十亿年，慢慢冷却。随着时间的流逝，最终微弱的光芒也慢慢消失，直至成为黑矮星。参照太阳的寿命，50 亿年后它将从红巨星转变为行星状星云和白矮星，然后逐渐走向死亡。

哈勃空间望远镜拍摄的行星状星云

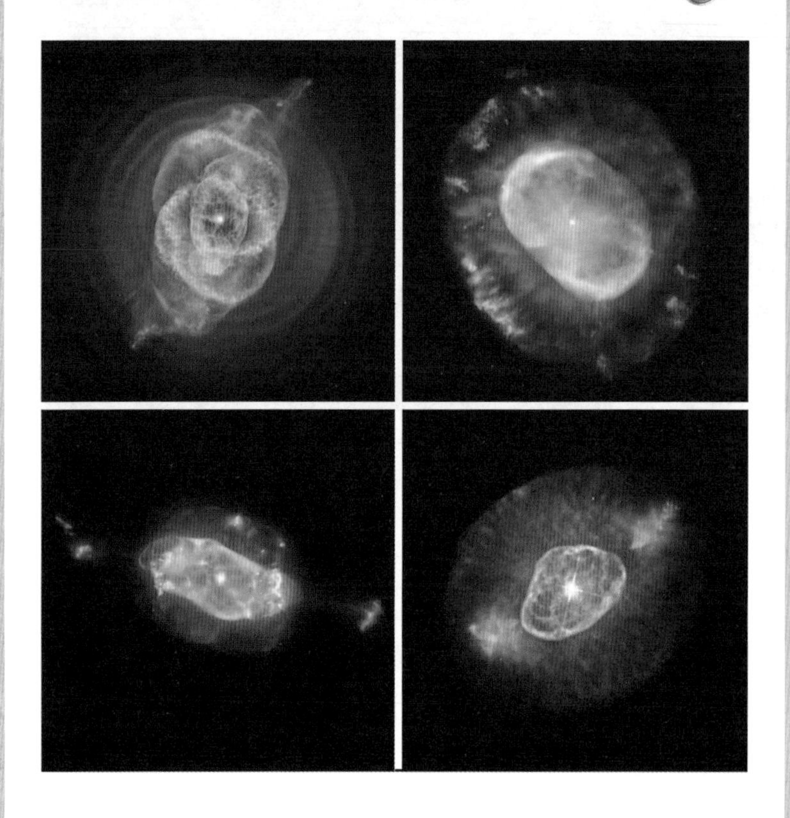

在这些太空照片中，映入我们眼帘的这些华丽的天体便是行星状星云。和太阳质量相似的恒星在红巨星的阶段，其外壳会发生剧烈的燃烧，之后放出的气体在恒星中心的电磁场的作用下会发出特有的光芒。行星状星云可以在数万年间保持美丽的模样，然后慢慢地消失。因为最初发现这些天体时，人们认为其与行星特别相像，所以称之为行星状星云。而美丽的行星状星云之所以备受瞩目，是因为通过它能够看到太阳的未来

主序星天狼星 A（左侧）和白矮星天狼星 B（右侧）。从地球上可以看到的最亮的恒星——天狼星是星龄不到两三亿年的幼星。天狼星 A 是比太阳大两倍左右的主序星，而伴星天狼星 B 是比太阳小的白矮星。天狼星 B 虽然又暗又小，但是表面温度却很高，密度也很大

比太阳质量大的恒星一生

比太阳质量大的恒星一开始呈现出蓝色，体积也很大。这种恒星由于引力很大，所以恒星中心部位的温度和密度也相当高。比起具有 100 亿年寿命的太阳，这种恒星的寿命非常短，仅有 1 000 万年左右。由于主序星阶段非常短，并且在此期间所有的物质都会燃烧，所以才会产生

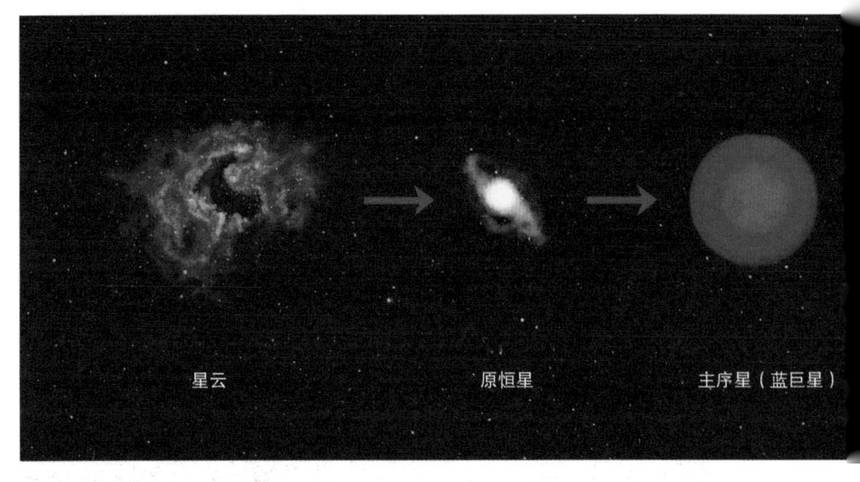

比太阳质量大的恒星的一生

极亮的光芒。质量是太阳 10 倍的恒星的亮度是太阳的 1 万倍左右，它们就像一下子让自己的才华倾泻而出，创造出伟大的艺术品后英年早逝的艺术家。

在主序星阶段，这些恒星被称为蓝巨星，并且相比红巨星更加具有活力。由于内部温度极高，所以通过氢聚变反应形成的氦会再一次发生聚变反应，形成碳、氖、氧以及镁等更重的元素。硅、氧、碳、氦、氢等元素构成了类似洋葱的结构。随着时间的推移，重元素在中心发生聚变反应，氢元素在外层发生聚变反应，释放出前所未有的巨大能量，变得更亮更大，逐渐成为一颗红超巨星。此时，行星状星云分离的速度超过了 1 000 千米 / 秒。

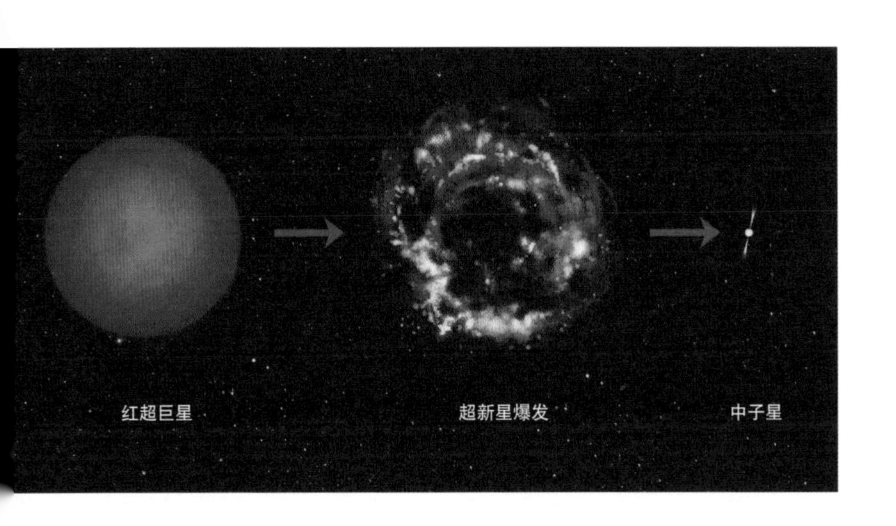

成为红超巨星后，天体由于无法抗拒自身能量，发生了剧烈爆炸（爆发）。在激烈的爆发中，超新星还未来得及保持一定的形态，就分散成了肆意分布的不规则碎片。超新星爆发产生的冲击波又燃烧了硅、氧、碳，生成了比铁还重的元素，聚变反应条件下诞生了之前无法形成的钴、镍、钙，也就是说，我们所熟知的元素周期表中的大部分元素都是在这个时候产生的。

超新星爆发瞬间释放出的能量比太阳一生释放的能量还要多。爆发发生后，超新星外围气体中恒星制造出的元素也逐渐向宇宙慢慢扩散，那些元素聚集到一起慢慢形成了星云，而在这星云中又会再一次形成恒星，这就是所谓的死而复生吧。因为超新星爆发而分散开来的元素又一次地成为其他恒星的材料，形成了像地球一样的行星，或者说成为一颗生命的种子。

激烈爆发的红超巨星内部却在收缩，其中聚集在一起的成分形成了比白矮星密度更大的天体。除了外层喷射而出的气体的质量，最终因恒星残骸质量的不同，会产生两种状态。质量小于太阳质量的 1.4 倍的成为白矮星，大于 1.4 倍的会发生引力坍缩，形成密度极大的中子星，若超过 3 倍则会成为黑洞。超新星的爆发短暂却又轰轰烈烈，逝去的恒星结束了自己的一生，又一次回归宇宙，成为宇宙中的新种子，在茫茫宇宙中留下了蕴含着感动的记忆。

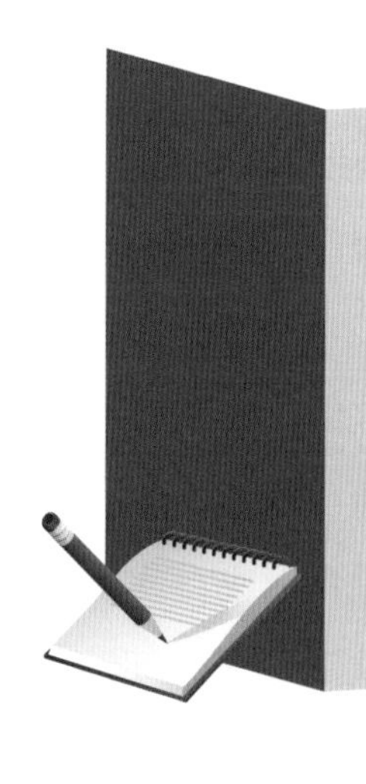

脉冲星

中子星，顾名思义就是绝大部分由中子构成的天体。科学家认为具有强大的磁场并定期发出强大电磁脉冲信号的天体——脉冲星是中子星的一种。它的直径虽然不过 10 千米左右，但是重量却有数十亿到数百亿吨，是密度极其大的恒星。脉冲星一秒要自转数十次，向四周放射出脉冲信号，就像闪烁的灯塔一样。为了将内部的能量转化成动能释放，脉冲星极其快速地运转着。

脉冲星

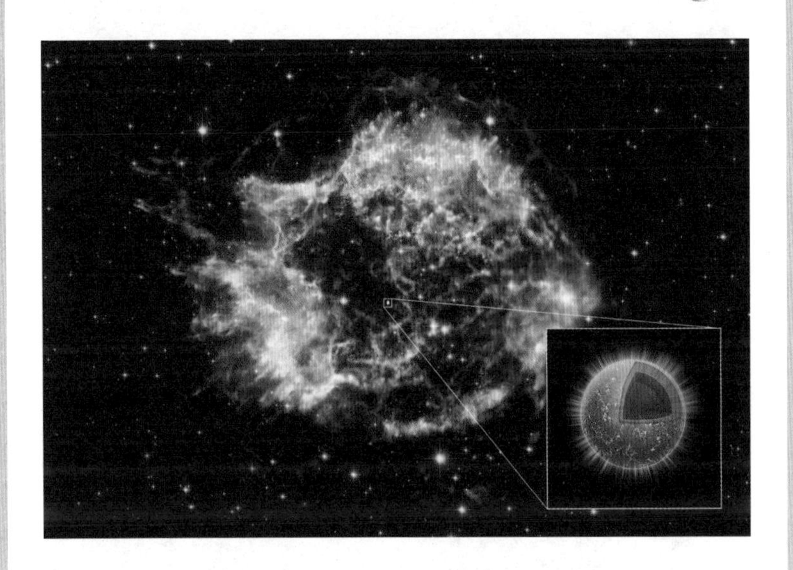

空间望远镜拍摄的合成图片，图中天体是约 330 年前在仙后座爆发的超新星残骸中央的脉冲星。局部放大图为脉冲星的内部构造设想图

比太阳质量大很多的恒星一生

比太阳重几十倍以上的超重星的一生有些与众不同。它们一出生就是蓝巨星，寿命不过数百万年。但是这种极重的恒星最终陨灭后会形成巨大的黑洞，延续着生与死的轮回。这种巨星在数百万年里持续进行着聚变反应，向四

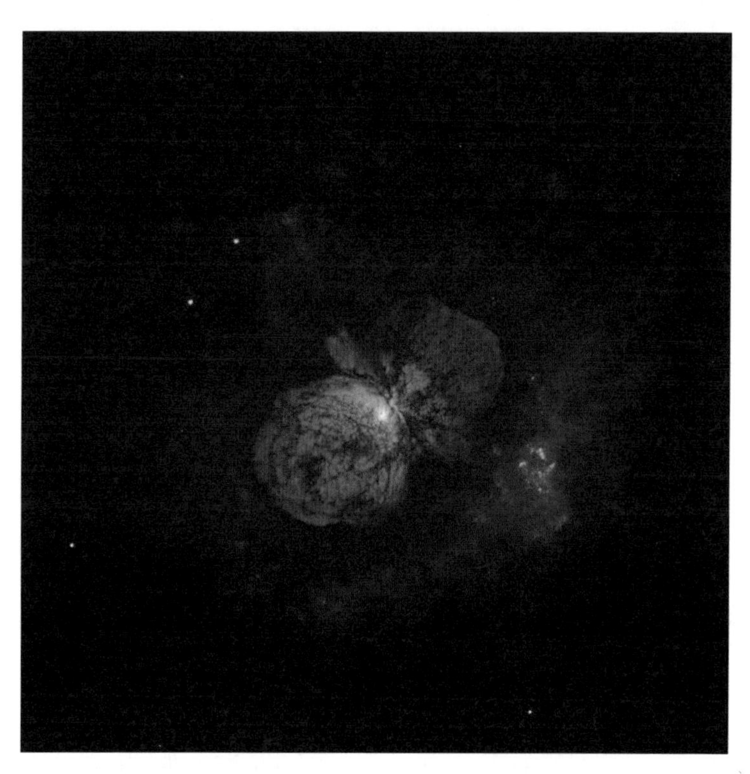

海山二的质量是太阳质量的 100～150 倍，是星系中很少见的特级超巨星。我们至今还在观测着这个最有力的极超新星爆发的候选者

周发出强烈的光芒，以极快的速度变热成长，最终形成红超巨星。红超巨星内部的引力超过了膨胀压力，并在这种作用力下非常快速地制造黑洞。受黑洞影响，中心核发生收缩，构成恒星的物质发生旋转逐渐形成吸积盘。黑洞两极喷出强劲的气体。质量巨大的恒星急剧收缩，温度和压力激增的极超新星爆发释放出的能量相对于超新星要大数十倍以上。比超新星强劲 100 倍以上的黑洞极速旋转，缠

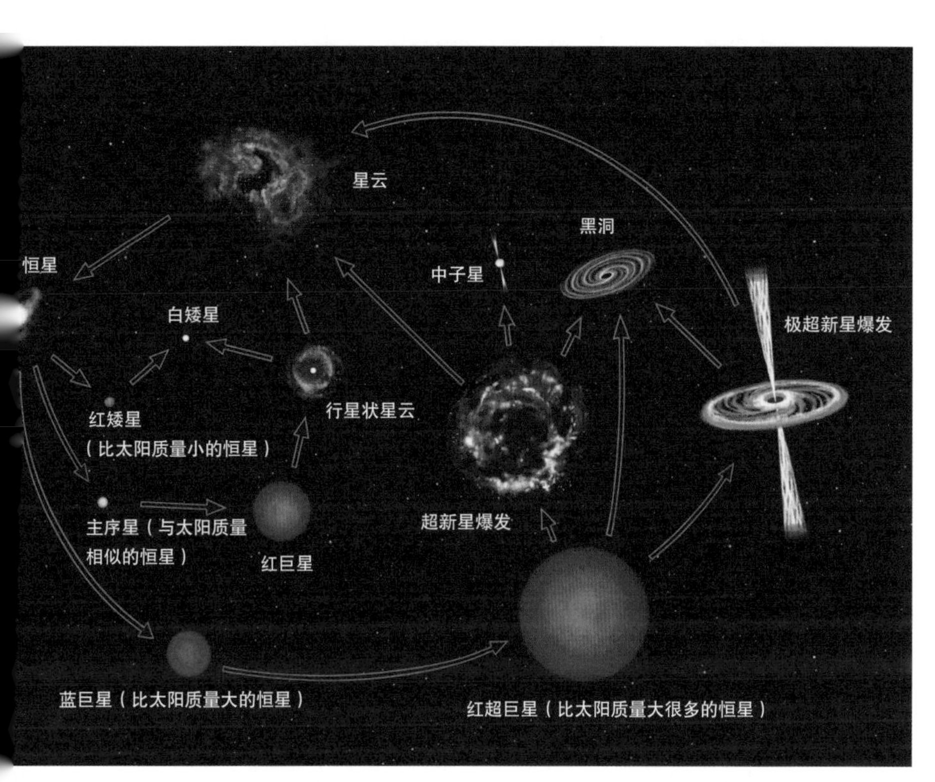

通过一张图来看恒星的一生

绕着构成恒星的物质形成吸积盘，喷射出强劲的气体，开始了比超新星强劲10倍以上极超新星爆发。这种现象在宇宙中极少发生。即使质量非常重，黑洞旋转的速度非常慢的话，也无法吸附构成恒星的物质，同时也无法产生引起爆发的物质，所以就不会发生极超新星爆发。

极超新星如果爆发，构成巨大恒星的物质中的一部分将消失在黑洞中，一部分将释放到宇宙空间里。这些物质会再次成为其他恒星的材料，诞生新的恒星。

一个恒星从出生到死亡的过程，构成了恒星的生态系统，并在这之中创造了生命的原材料。

恒星的世代

宇宙中的所有物质都会经历生和死，恒星也是如此。而对于寿命难到 100 年的人类来说，恒星似乎总是安静地在固定的位置上散发着光芒。但是恒星也在宇宙的漫长岁月中经历着各种各样的“人生”。根据与生俱来的质量，有的恒星的一生短暂而激烈，有的恒星一生散发着隐隐约约的光芒，然后慢慢泯灭。

137 亿年前，宇宙诞生之初，宇宙空间中仅仅存在着一些氢、氦以及极少量的锂、铍，不存在比它们更重的元素。恒星诞生后，恒星内部由于氢聚变反应产生了氦，氦又创造出了碳、氧这些更重的元素。恒星内部聚集的重元素在恒星死亡时散落到宇宙中，再次成为星际物质，回归诞生时的星云。而这些物质会成为新一代恒星的原材料、制造像地球一样行星的原材料，以及构成我们身体的原材料。

早期星系中产生的第一世代恒星是由氢和氦构成的质量非常重的恒星。因为质量极大的恒星会更快地消耗燃料，所以最终只能活 1 000 万 ~ 1 亿年左右，便形成超新星陨灭了。具有短暂生命周期的第一代恒星，随着超新星爆发，物质的基本元素向宇宙慢慢扩散。而陨灭了的第一代恒星的元素也成为第二代恒星诞生的种子。

星系内的恒星们，可以根据重元素含量的不同而进行分类，这里的重元素指的是比氢和氦更重的元素。在恒星内部进行的聚变反应产生的重元素越多，那么这颗恒星就越年轻。年龄最大而重元素最少的极个别第一代恒星，这种恒星年龄在 100 亿年以上，重元素含量在 0.1% 以下。与之相反，重元素含量最多的恒星，年龄一般在几亿年以下，而重元素含量在 2% 以上。我们之所以现在能观测到寿命短暂的第一代恒星，是因为距离我们 100 亿光年的第一代恒星发出的光现在才到达地球。

太阳究竟是第几代呢？由于太阳是在恒星的生与死循环了三四次后才诞生的恒星，所以属于第三代。太阳系内所有天体都属于第三代。从宇宙的角度来看，人类也是诞生于第三代，可以说第二代恒星的残骸是我们生命的源泉。现在我们在夜晚所看到的恒星都是较为年轻的恒星。年龄大的恒星质量比较小，加之距离比较远，很难用肉眼看到。年龄最大的第一代球状星团广泛地分布在整个星系空间，而年龄小的恒星大多出生在星系盘附近，像太阳作为第三代恒星就诞生在银河系星系盘附近。

恒星是不违背自身命运的宇宙的主要成员。我们应该记住的是恒星诞生的条件，以及其一生形成的无数元素和由其组成的复杂多样的宇宙结构，因为其中存在着我们生命的源泉。换言之，观察恒星的诞生和死亡也就是探索地球上成千上万生命体的故乡及发源地。

红巨星和红超巨星

比太阳质量大的恒星在主序星阶段结束时，中心核的氢和氦全部燃烧，然后其他的元素也依次燃烧，在这个过程中，因聚变反应，重元素会聚集在中间部位。从恒星的外层到中心依次是氢、氦、氧、氖、硅、铁等元素。中心核直到重元素无法发生聚变反应为止持续进行收缩，释放出比红巨星大很多倍的能量。形成铁元素后，反应结束，恒星再也无法放出能量，所以会形成一个由铁元素包围的巨大的中心核。这种恒星被称为红超巨星。随着红超巨星的中心核的崩溃，产生的冲击波引起了超新星爆发，内部的重元素会分散到宇宙之中。

和太阳质量相似的恒星在快要结束主序星阶段时，中心核的氢元素几乎消耗殆尽，于是开始发生氦聚变反应，变成了由氢元素包围着中央的氦层的形态。等到氢或是氦消耗殆尽后，聚变反应就会终止，

红超巨星和红巨星的内部构造

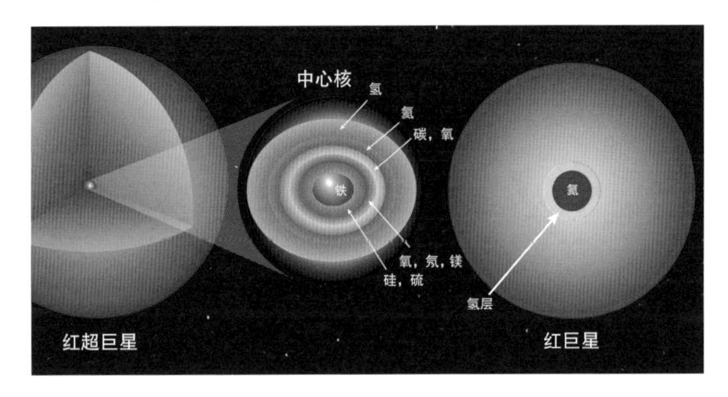

同时能量生产过程也会中断，因此内部的膨胀压力也随之减少。在引力的影响下，中心核开始收缩，密度增大的同时，温度也会逐渐上升。如此一来，外围的氢元素会发生聚变反应，体积也会膨胀到原来的数百倍。恒星中心收缩，外部膨胀。这时恒星的表面温度降低，逐渐变成了红色，这种恒星被称为红巨星。比起处于主序星阶段的时长，恒星停留在红巨星阶段的时间极其短暂。

超新星爆发

星系中所有恒星发出的光加起来，也不及一颗超新星发出的光芒。虽然在开普勒超新星（SN 1604）之后，在银河系中还未发现其他的超新星，但是从超新星爆发产生的残骸来看，银河系中一个世纪平均会发生大约3次超新星爆发。

已知最古老的超新星已经诞生了1 000多年，据说光芒亮到即使在白昼也可以看到一个白色的点。金牛座的蟹状星云是1054年超新星爆发留下的痕迹，科学家还在蟹状星云中心发现了中子星。

1987年，在距地球约16.8万光年的不规则星系大麦哲伦云中，科学家发现了超新星（1987A）。这颗超新星在地球的南半球可以肉眼观测到，这是自开普勒超新星之后距地球最近的一次超新星爆发。当时科学家们捕捉到了1987A发射的中微子，同时也证实了超新星在爆发时，能量大部分会以中微子的形态释放的理论。

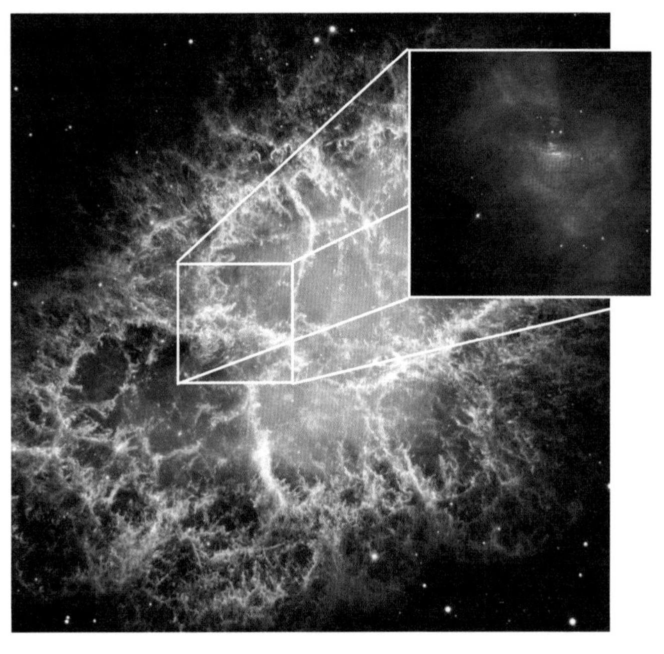

蟹状星云。科学家们推测这是 1054 年观测到的超新星爆发的残骸。超新星爆发释放出的气体至今仍以高于 1 500 千米 / 秒的速度扩散。蟹状星云中心的中子星是每秒旋转超过 30 次的脉冲星。照片（左，红色星云）上位于中央位置的两点中的左边一点的就是脉冲星

1987A 最奇特之处在于它是由一串亮点构成的光环（右页图片）。超新星爆发的 2 万年以前从本体中放射出的物质在超新星爆发之后，与残留物相撞而产生光环，之后的几十年都可以看到从光环周边的星系

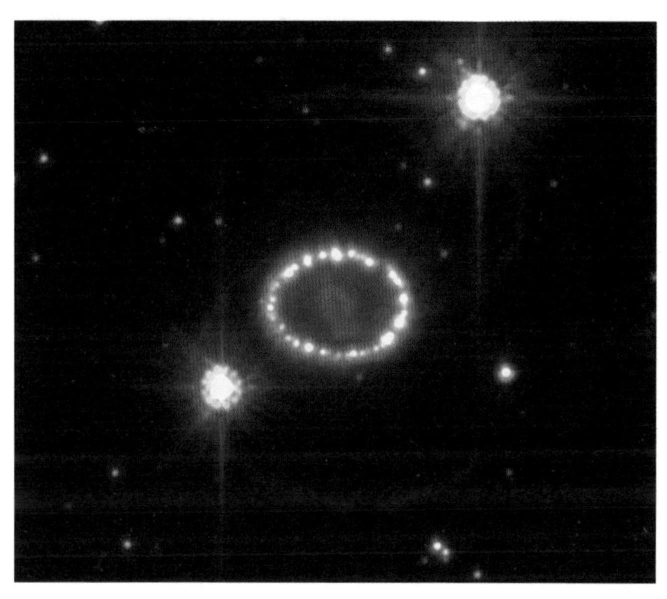

在大麦哲伦云中观测到的超新星 1987A 爆发。本体周边出现很明显的星系晕

晕中发出的光芒。

超新星的大小与种类非常多。质量非常大的恒星引起超新星爆发，释放出大量的能量，这能量足以使得距其几百万光年的地球上的生命体灭绝。超新星爆

Ⅰa 型超新星爆发

发时，会发射高能的伽马射线等宇宙射线。这比核弹爆炸时发出的射线更加危险。一些科学家认为，过去的地球曾因其他天体的超新星爆发而受到伽马射线的影响。他们主张，古生代奥陶纪（古生代六个时期中的第二个，处于寒武纪和志留纪之间的时代）时，以地球上分布最多的三叶虫为代表，90% 的地球生命体的大灭亡是伽马射线暴造成的。

超新星爆发大体分为两种。一种是大质量的恒星最终爆发，这被称为Ⅱ型超新星爆发。另一种是恒星以双星的形式存在，一个变成红巨星，一个变成白矮星，后者因强大的引力而吸收伴星的物质，随着密度和温度的升高，在白矮星中心部位发生聚变反应生成铁，这时产生的能量最终导致白矮星爆发，这被称为Ⅰa型超新星爆发。由于Ⅰa型超新星爆发比Ⅱ型释放的能量更大，如果在离地球不远的地方出现Ⅰa型超新星爆发，地球将会受到损害。根据至今所观测到的情况，太阳系附近的猎户座参宿四是红超巨星，很有可能变成Ⅱ型超新星。不过幸运的是，爆发的余波无法直接到达地球。

5

黑洞是什么?

未来的我们真的能像科幻电影演绎的那般，使用曲率引擎，到达距离地球很远的星球，甚至是距离我们4.2光年的比邻星上吗？即使开发出具有巨大燃料罐、移动速度超级快的宇宙飞船，想在星系间进行宇宙旅行的话，人类的寿命也是不够的。那么，科学家们有什么新办法吗？那就是通过虫洞进行空间移动。虫洞是一个连接黑洞和白洞的狭窄隧道，不过，通过虫洞进行空间移动时，即使不被分解、安全地从虫洞进入，从白洞出来，逆向移动回去也是不可能实现的。而且在那里停留一天再返回的话，有可能地球上已经过去了几十年。不管怎样，虫洞不是科学的世界，而是一个想象的世界，在理论方面几乎没有可能性。

美国国家航空航天局（NASA）称，他们正在加速开

发一种比光速快 10 倍的宇宙飞船引擎——曲率引擎。曲率引擎指的是一种通过物质与反物质相遇，产生大量能量，建立曲率场，生成泡沫，使宇宙飞船前端的时空收缩，后端的时空膨胀，以达到比光速更快的移动速度的引擎。虽然扭曲时空使其比光更快地移动，还只是电影中的故事，但它已经在研究中，人们希望在某一天能够实现它。实际上，比这个更加超越想象的事情已经展开了，那就是观测我们的宇宙。

那么现在，我们来了解一下宇宙中最神秘、最有趣的天体。质量较大的恒星在超新星爆发后，仅留下中心部位的黑洞就结束了自己的一生。许多恒星最后遗留下来的东西，是连光都穿不过的，具有强大引力的黑洞。那么黑洞的真面目是什么呢？现在就来揭示这个秘密吧。

黑洞的真面目

黑洞是一种肉眼无法看见的存在，非常可怕，它激发着人们的好奇心和想象力。巨大的质量产生强大的引力，连光都无法逃脱的黑色的洞，就是黑洞。那么引力到底是多么强大的东西呢？火箭如果想要从地球引力的束缚中挣脱出来飞向地球之外的话，要以大于 11.2 千米 / 秒的速度移动才能做到。如果地球的体积缩小到现在体积的四分之一的话，那么逃逸速度会是现在的两倍。假如地球越来越小，逃逸速度就会越来越高。地球半径压缩到 9 毫米时，将变成黑洞，即物质极度压缩，引力变得无限大，光、能量、物质等任何东西都无法脱离其引力场，这便是黑洞。

黑洞这个称呼，是 1967 年美国物理学家惠勒提出的。黑洞的原文直接翻译过来是黑色的洞。普通的恒星，由于中心部位的氢、氦聚变反应释放出的能量而发光，但是黑洞却是连光都可以吞噬掉，看起来很黑，所以叫作黑洞。

第一次被告知黑洞的存在时，人们认为它是想象出来的。大约 200 年前，哲学家约翰 · 米歇尔在研究牛顿万有引力规律时提出了疑问。假设某个恒星非常重，引力太强，那么是否连光都穿透不了，也不会发光呢？这是对黑洞的存在的第一次推测。那之后，爱因斯坦相对论的发

表使得黑洞渐渐具有了现实性。天文学家史瓦西发表文章，认为“恒星如果具有一定标准以上的质量，引力就会增强到光都无法穿透，那个限界称为事件视界（event horizon）”，并为广义相对论的引力公式求出相应的数值解。他将事件视界内部的区域定义为黑洞，认为中心存在一个密度无限大的引力奇点。

史瓦西解开了很久以来连爱因斯坦都未能解开的这个方程式，将答案以信件形式寄给了爱因斯坦。看到答案的爱因斯坦非常惊喜，给他回信道：“我没想到有人竟以这样简单的方式解答了难题，我非常欣慰。我打算下周四在

由于中心的引力极大，连光都无法穿透的黑洞（想象图）

研究会议上简单说明一下这个问题。”但就在收到回信的那年，史瓦西参加了第一次世界大战，并失去生命。虽然爱因斯坦和史瓦西通过正确的数学计算接受了黑洞的概念，但实际上，他们并不相信其存在。

那么，现在广为人知的，存在无数黑洞的事实，是什么时候开始为人们所接受的呢？ 1939 年科学家奥本海默预言说，质量大的恒星一直收缩，会形成仅由中子构成的恒星，并且用理论证明了质量大的中子星一直收缩便会形成黑洞。但是，从成为发明原子弹的曼哈顿计划的领导者开始，到向广岛投放原子弹，他的研究一直被干扰。一生饱受罪责感折磨的他，如果可以一直研究中子星和黑洞的话，说不定会发现更多的东西。

在奥本海默的证明之后，人们发现了具有强磁场、周期性发出强大射电波的脉冲星，从此正式开始对黑洞是否存在的探索。虽然黑洞已是一个被人熟知的概念，但黑洞本身仍是一个谜。正如用望远镜也看不到的不发光天体最终被证明并被归类为暗物质一样，科学家们与黑洞展开了一场看不见的追击战。

黑洞的发现

如何找到无法观测的黑洞呢？如果黑洞与其他天体一样具有伴星的话，一般恒星具有的物质或气体就会被黑洞吸收。被黑洞吸收的气体在黑洞周围环绕形成圆盘，这个圆盘就被称为吸积盘。黑洞周边的吸积盘中的物质相互摩擦，变得炽热，温度上升到 1 000 万开尔文就会发出 X 射线。吸积盘的温度会随着中心天体的收缩程度而改变。假设存在发出 X 射线、发光的吸积盘，且周围有恒星的话，那么吸积盘中心就存在黑洞。

宇宙的 X 射线由于无法穿过地球的大气，所以无法

天鹅座 X-1

科学家于 1964 年通过装载在探测卫星上的 X 射线观测系统观测到天鹅座 X-1。这是根据天鹅座 X-1 中的伴星被黑洞吸收的模样画出的想象图

在地面上用望远镜观测，因此，需要用像钱德拉 X 射线天文台一样的望远镜来观测 X 射线。天鹅座 X-1 是通过美国 X 射线探测卫星最早发现的黑洞。科学家们对不起眼的天鹅座 X-1 进行观测，并通过其发出的大量 X 射线推断其包含双星系统，这组双星在看不见的巨大天体的周围旋转，而在那个地方有比太阳质量更大、不知形状的天体。就这样，天鹅座 X-1 成为人们最早发现的黑洞。那

之后，在地球轨道上又发现了大约 300 条 X 射线。现在人们渐渐接受银河系存在黑洞，而且数量不少这一事实。

银河系中心的超大型黑洞

美国国家射电天文台在观测银河系中心的过程中，在聚集了大约 20 亿个太阳般的恒星的地方，发现了发出强大射电波的物质。之后数年间，世界上的射电望远镜一直对银河系的中心地带进行观测，发现位于银河系中心的恒星在以极快的速度旋转。天体的高速旋转意味着，在银河中心存在着比太阳质量大数百万倍的天体。那个天体的真实身份就是半径超过 900 万千米的巨大黑洞。之后科学家竟在仙女星系中发现了 40 多个黑洞。

黑洞若要变大，需要具备与此相当的引力。当引力（质量）达到一定程度时，就可能产生黑洞。黑洞存在的话，则会吞噬宇宙内大量的气体、尘埃和恒星。美国与日本的科学家在阿帕奇波英特天文台观测星系的分布，他们用光纤在金属盘上一个一个打点，穿孔，分析光谱，计算距离，最终制成了包含无数星系的星图。科学家们猜想星系是平均分布的，结果却观测到了不规则的、密集的星系区域，同时也观测到仙女星系正以 40 万千米的时速向银河系飞来。银河系与仙女星系会在 40 亿年之后相撞，合

钱德拉 X 射线天文台拍下的在仙女星系的中心位置，有 26 个被推测为黑洞的天体聚集

并成一个椭圆星系。

科学家们认为，随着星系与星系的合并，星系中的黑洞也会相互融合，形成超大型黑洞。但是既然银河系中心

超大型黑洞的形成构想

有假说称，星系的冲撞产生了大质量的恒星，这些超大型恒星形成了黑洞。黑洞与质量更大的恒星合并，渐渐变大，在星系中心形成超大型黑洞

存在着超大型黑洞，那么为什么数十亿恒星还能发光？这是因为超大型黑洞引力场扭曲所导致的事件视界根本达不到整个银河系的尺寸，可能导致光无法逃逸的范围仅在球

状星团的中心部分。另有一部分科学家认为那个黑洞的活动已经停止了。虽然现在在陆续揭示其运作原理，但由于人类对黑洞知之甚少，黑洞仍旧是宇宙留下的未解之谜。

宇宙初期的类星体

在宇宙中，最亮最活跃的一类天体就是类星体。类星体是遥远宇宙中的活动星系，我们推测在类星体的中心有质量巨大的黑洞存在。巨大的黑洞中心吸收周边环绕的物质，形成回旋的吸积盘。吸积盘中掉进黑洞的物质受高能激发放出电磁辐射，发出强烈的光芒。类星体虽然存在于数十亿光年之外的地方，但在地球上，用普通的望远镜也可以很清晰地观测到。

在目前被人类知晓的 20 万个类星体中，最远的大概在距离地球 128 亿光年的位置上，这些基本上是宇宙初期出现的类星体。科学家们推测，最初，由氢、氦组成的恒星发生超新星爆发，形成黑洞，这些黑洞相互结合形成类星体。通过分析光谱，测量波长的变化（红移），科学家们几乎可以准确地测量出类星体的距离。类星体距离我们非常远，几乎不怎么移动（虽然移动，也几乎是测量不出的程度），因此可以作为天体的标准坐标。

神奇的是，既是研究过去宇宙的重要资料，又是宇宙

2011 年，斯隆数字巡天项目发现的最远的类星体（ULAS J1120+0641）的想象图。科学家们推测银河系中存在质量超过太阳质量 20 亿倍的巨大黑洞

标准坐标的类星体，几乎在银河系及其周边从未被发现过。这些巨大的黑洞都消失了吗？科学家们推测，由于黑洞缺失可吞噬的物质，所以它们不再发光。那么，总有一天，沉睡在巨大椭圆星系中心的类星体们，会重新获得物质，展现出它真正的模样。

白洞、虫洞以及正在消失的黑洞

从理论上讲，白洞是与黑洞正相反的天体。如果黑洞将物质全部吸收，那么白洞则是将物质，甚至是光全部释放出来的天体，与黑洞一样从奇点放射出所有的物质。白洞表面释放出来的物质累积起来，又形成另一个黑洞。那样的话，白洞只存在于数万分之一秒间。短时间存在，瞬间转化为黑洞——当然这只是理论性的假设，完全没有可以证明白洞存在的线索。

虫洞连接黑洞与白洞。虫洞的本义就是虫子们来来去去的洞。在苹果表面爬行的虫子，发现贯穿苹果的洞孔并向着那个方向移动的话，可以更快地移动到苹果的另一端。在相距遥远的星系与星系之间、恒星与恒星之间，可以快速移动的捷径就是虫洞。但理论上，只有具有反引力并能排除光的物质存在，才有可能存在虫洞。科学家们普遍认为，在数学方程式中，可以简单地假设有反物质的存在，但实际上是不可行的。

1976 年，斯蒂芬·霍金发表了论文《黑洞蒸发灭亡》，认为黑洞吸入一切物质，使其质量渐渐变大。但是，斯蒂芬·霍金又提出了在黑洞的事件视界周围，生成了吸收粒子的反粒子，反粒子快速进入，粒子向外部排出的新理论。因释放粒子而发出的射线被称为霍金辐射。霍金认为，

连接黑洞与白洞的虫洞想象图

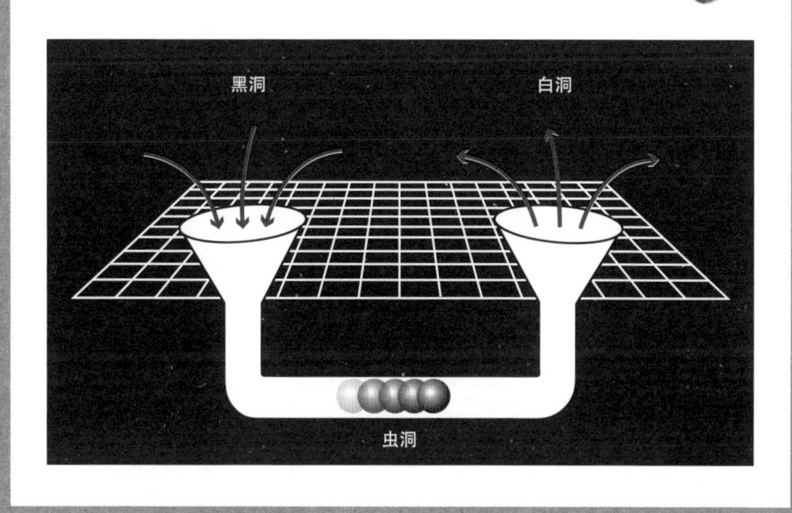

由于霍金辐射，黑洞的质量会逐渐减少，直到消亡。虽然还没有证据来证明这个理论，但经过数学计算，只要有足够的时间，这是有可能发生的。经过计算，与太阳质量相似的黑洞蒸发，大概需要 1 066 年的时间。宇宙的历史有 137 亿年，短时期内，想要找到证据仍旧是一件遥不可及的事情。

在约 200 年前预见黑洞的存在时，人们对其嗤之以鼻。人们认为那样荒诞无稽的物质，实际上根本无法存在。对于白洞和黑洞，最初人们的反应都是付之以冷笑。

宇宙仍是一个谜团，人类不断地观察宇宙、研究宇宙，想要寻找真相。我们相信在不远的将来，人们总会揭开宇宙神秘的面纱，到那时，以前不相信虫洞存在的人，通过认识虫洞，也许会感到这个世界很神奇。

人造黑洞

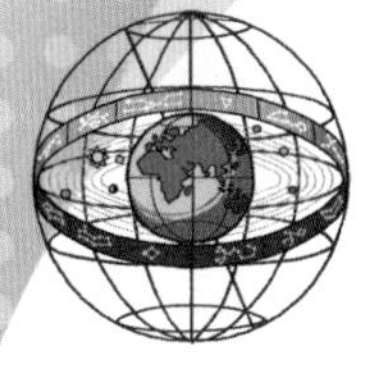

2008 年，长 27 千米的大型强子对撞机在瑞士日内瓦启动。科学家们用对撞机将质子加速至光速的 99.9% 并使其相撞。这个实验再现了宇宙大爆炸初期，超高温、超大密度状态下粒子们相撞的场面，验证了人造黑洞的产生和消亡，以及人造黑洞能释放出仍未被发现的粒子。

此实验产生的人工黑洞，是存在数十亿分之一秒就消失了的超细微黑洞。现在通过粒子加速器的质子相撞实验，可以将 10^{-24} 千克质量的能量压缩到直径 10^{-19} 米的空间内，但要生成黑洞的话，需要压缩到 10^{-51} 米为止，此实验至今还未成功。

制造人工黑洞，是为了探索宇宙的起源，揭示暗物质和暗能量的真面目。我们期待能够发现迄今为止仍未被发现的，被称为“上帝粒子”的希格斯玻色子（2012 年，欧洲核子研究组织宣布成功发现希格斯玻色子。——编者注）。可以在粒子加速器中人工制

图为建在瑞士日内瓦地下的大型强子对撞机。长达 27 千米的大型粒子加速器是为了使质子加速至光速的 99.9% 并可以和反方向加速飞来的质子相撞而设置的

造微型黑洞的消息一经传开，在没有正确认知此实验的人群当中，传出了人工黑洞会吞噬地球的谣言，甚至还有人提起了要求停止实验的诉讼。但是，专家们否认了人工黑洞有吞噬地球的可能。

6 人类是如何认知宇宙的？

人类对自己生活的世界充满了好奇，通过历史经验开始认识世界，慢慢地探索我们生活的世界。先祖们将获取的知识传递给后代，之前认为正确的东西被新的理论事实推翻。通过渐渐积累下来的知识，人类一步步准确科学地认识世界。现在我们可以进行大历史式的思考，看看与过去相比，我们的认识发生了哪些改变。

在今天，我们可以通过无数的照片及影像看到宇宙的模样。那么在过去，人们是如何认识宇宙的呢？

长久以来，人们认为地平线的另一端是大海的尽头，满是悬崖峭壁，觉得那就是世界的尽头，因此怀有巨大的恐惧。那是因为当时的人们在认识宇宙时受到眼前事物的限制。

各地的古人都以各自的观点解释世界的模样

数万年前，人类就认为地球是圆的。今天的人类拥有集体智慧和快速发展的科学技术，能够更加详细、更加准确地认识宇宙日新月异的模样。科学技术急速改变着我们看待宇宙的视角，也将我们看待自己生活的世界的视角提高了一个层次。

1608 年，眼镜制造商里帕希最早发明了望远镜。虽然他是历史记录中最早发明望远镜的人，但实际上，最早正确使用望远镜的却另有其人。当里帕希为获得望远镜专利而费尽心思时，伽利略已经灵活运用并制造出了天文望

伽利略和望远镜

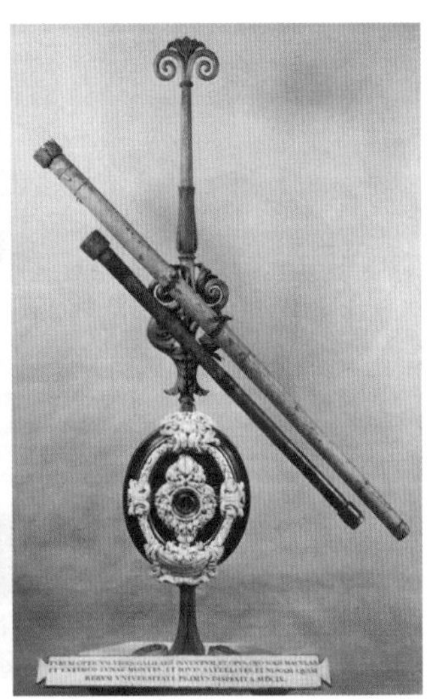

伽利略（左侧）与伽利略望远镜。1609 年访问威尼斯的伽利略一听说里帕希望远镜，就立刻找来说明书，以其原理为基础埋头于天文望远镜的制作。他用纯手工打磨的镜片制造的天文望远镜来观测天体

远镜。伽利略利用天文望远镜观察到了肉眼无法看到的月球表面，并记录下曾被认为只是一个点的木星的形态以及太阳表面的斑点和黑子。正是由于观察到了金星的相位与大小变化，才使人们认识到一直以来被认为是宇宙中心的地球，不过和其他行星一样并非宇宙中心，而是围绕太阳

宇宙的中
心是地球。
地球只是围绕
太阳转的行星。
太阳系的中心
是我，太阳！
再怎么说，太阳系
都是宇宙的中心！
太阳系也只是处
于银河系的边缘。
人类在宇宙中如一颗
微粒，但也是能认识
宇宙的特殊的存在。

运转的行星中的一颗罢了。

随着望远镜性能的逐渐完善，人类发现宇宙的全部不仅是太阳系，还包括银河系。太阳是位于银河系主旋臂与本地臂之间的一颗恒星。随着拍照技术与光谱学（通过光谱研究天体的构成元素和温度情况）的发展，可以测定宇宙的尺寸。即使没去过宇宙，人们也可以通过望远镜科学地认识宇宙的构造。

仅在百年之前，人们还只能通过想象来推测宇宙的模样，而现在我们可以通过尖端技术、电脑图像来观察宇宙和银河系庞大的构造。旧的宇宙观认为地球是平的，太阳和其他行星围绕地球转动。那么，它又是如何向现在的宇宙观转变的呢?

世界的中心地界与天体外的天界

古代的欧洲人认为宇宙是神的领域，人类和所有的生命都生活在与天空相连的天体里，那时，世界上也有抛却神灵，从物理的角度解释宇宙的人，他就是哲学家阿那克西曼德。阿那克西曼德利用几何学和数学比例制作出了天体图，他认为宇宙依靠物理力量运转，是圆柱形的，“太阳、月球和星星层层叠叠地围绕在圆柱形地球的周边”。这样的宇宙观是超前的，虽不能得到验证，但它有自身的逻辑，于是就成了当时的宇宙观。

在受阿那克西曼德宇宙观影响的时期，有人主张日心说，他就是出生于希腊萨莫斯岛的阿里斯塔克。他认为宇宙是一个比当时人们了解到的宇宙更大的事物。他最早提出日心说，但却没有准备好说服大众的依据。之后，托勒密以圆周运动数学演算为基础，集大成地提出了地心说。在大约 1 500 年的时间里，在人们的心中，地球稳稳地占据着宇宙中心的位置。

托勒密认为月球、行星、太阳以一个中心点为基准进行圆周运动，而地球就是那个中心点。因此，天体是以地球为中心的，按照月球、水星、金星、太阳、火星、木星、土星的顺序画着异心圆公转。在公转周期方面，由于各个天体画着小圆旋转，所以可以观测到行星逆行。当时，托勒密的地心说可以按照一定的逻辑解释人们观测到的大部分天文现象，又有宗教方面的支持，因此享有主流地位。

但是，托勒密的主张中有几处矛盾。首先，不说各天体的运动速度不同，即使是同一行星，其速度也有时会变快，有时会变慢。为了解释这点，他说，各天体都有自己的运动中心，以不同的速度运行。一部分天文学家对此提出了异议，认为天体是以地球为中心公转的。而根据托勒密的主张，月球有自己的公转轨道，运行到与地球接近的地方时，我们所看见的月球会变大，但月球的体积是几乎

世界的中心，围绕地球运动的天体，天体外的天界

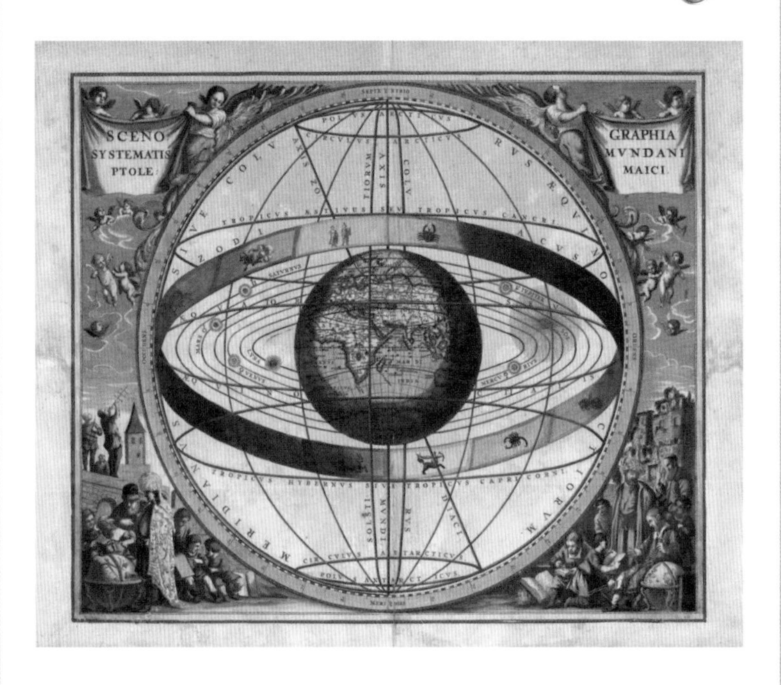

古代的宇宙是传说和神话的领域。围绕地球的天体是神的领域

不变的。这使得天文学家们产生了全新的宇宙观。

太阳周围的行星——地球

1543 年，哥白尼通过《天体运行论》一书，向人们解释了由神创造出的天体在完整的圆形轨道上转动，主张行星以太阳为中心分散存在，并提出了日心说。哥白尼进行了严谨地天体观测和数学计算，将日心说体系化。他将托勒密提出的宇宙模型的中心由地球换成了太阳，从公转周期短的行星开始排列，月球以地球为中心转动的同时，也在太阳周围转动。他的日心说比托勒密的宇宙模型更为简洁，前人留下的一些疑问也被他干净利落地解释清楚了。哥白尼的日心说虽然承认层层天体的存在，但地球并不是宇宙中心这一主张，足以掀起轩然大波。

在 16 世纪的欧洲，哥白尼提出地球不过是一颗围绕太阳旋转的行星，因此人类的宇宙意义坠落谷底。这无疑是一种足以撼动基督教世界观，撼动神为人类创造世界的信念的主张。哥白尼去世之前出版了《天体运行论》一书，当时仅发行了 400 本，而且内容为天文学，所以没能引起人们的注意。这本书被教皇得知，被定为禁书 70 多年。因此，在很长一段时间里，即使人们接受日心说的概念，也没能使其发光发热。直到 1758 年教皇将其从禁书目录中剔除，此书才得以正式公开。

过去人们坚信，人类是万物的灵长，神为人类创造出了名为“地球”的环境，所以认为地球是宇宙的中心。但是，在哥白尼的日心说中，世界的中心是人类无法生存的太阳，地球则沦落成为众多围绕太阳运转的行星当中的一颗，宇宙不再是神为了人类而创造的世界，因此人们的精神受到了冲击。歌德对于日心说造成的冲击有这样的评价：

“地球应该放弃所谓宇宙中心这个巨大特权。现在人类遭遇了巨大的危机。人们本确信人类能回归神圣的、没有罪恶的天国，然而这种宗教信仰如黄粱一梦，即将终结。接受新的世界观，需要唤醒史无前例的自由思想和感性的力量。”

正如歌德所说，虽然以地球为中心的宇宙观被打破，人们受到了相当大的冲击，但同时，人们摆脱了人类中心主义的托勒密宇宙论，认识到原本以为局限在球体内的宇宙其实是无限大的。如果将围绕地球的天球上的星星，换成类似太阳的恒星来思考的话，那么曾是宇宙全部的太阳系就会像天空中的恒星那样多。

那么，日心说推翻地心说得到人们认可，经历了怎样的过程呢？

使我们彻底改变宇宙观的契机是天文望远镜的发明。伽利略用自己制造的望远镜发现了月球表面的“喷火口”。月球并不是完美的球体，而是有缺陷的。随着他制造的望远镜的性能越来越好，既有的宇宙观便显露出了缺陷。

《天体运行论》中记载的太阳中心体系

NICOLAI COPERNICI

net, in quo terram cum orbe lunari tanquam epicyclo contineri diximus. Quinto loco Venus nono mense reducitur. Sextum deniq; locum Mercurius tenet, octuaginta dierum spacio circũ currens. In medio uero omnium residet Sol. Quis enim in hoc

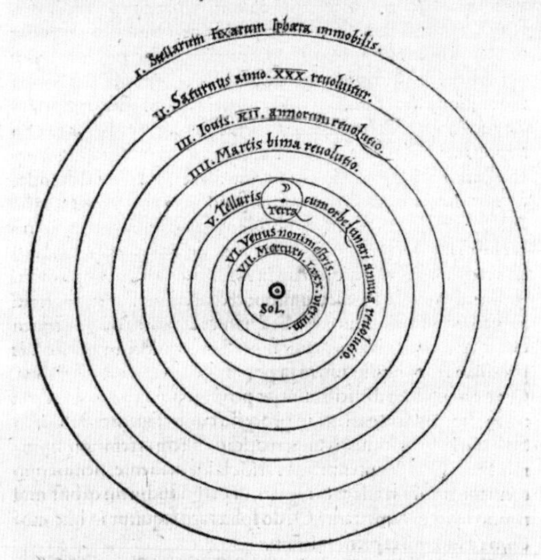

pulcherimo templo lampadem hanc in alio uel meliori loco po neret, quàm unde totum simul possit illuminare? Siquidem non inepte quidam lucernam mundi, alij mentem, alij rectorem uo= cant. Trimegistus uisibilem Deum, Sophoclis Electra intuentẽ omnia. Ita profecto tanquam in solio re gali Sol residens circum agentem gubernat Astrorum familiam. Tellus quoq; minime fraudatur lunari ministerio, sed ut Aristoteles de animalibus ait, maximã Luna cũ terra cognatione habet. Concipit interea à Sole terra, & impregnatur annuo partu. Inuenimus igitur sub hac

《天体运行论》中记载了哥白尼的日心说，正确简洁地说明了托勒密日心说中复杂的行星运动

月球的背面。通过天文望远镜第一次详细观测到的月球的模样，给世人带来了巨大冲击

用天文望远镜观测木星，其周边还有四个天体。这一发现推翻了所有天体以地球为中心运动的既有观念

紧接着，伽利略发现木星周围的四个天体不是以地球为中心转动，而是以木星为中心进行公转的。如同月球以地球为中心转动一般，木星周边的天体也是以木星为中心转动着的。

最关键的是，人们观测到运动轨道本应是完美圆形的金星如月相一般在变化着。金星模样变化的原因是，它在以发光的太阳为中心转动时会吸收光。金星渐渐接近地球又逐渐走远，它的大小和模样变化证明了金星不以地球为中心转动，同时也证明了地球以太阳为中心转动。

伽利略以自己观察到的内容为基础写了《关于两种世界体系的对话》一文，因为这篇文章，他被押送到宗教法庭，接受审判，并被判有罪。他之前发誓不会使用“太阳在天空中不移动”的命题和“地球不是世界中心，地球是运动的”的命题。教廷以他在这本书中打破誓言为由，惩罚他至死为止不得出家门一步。直到 1979 年教皇约翰·保罗二世正式提出为伽利略恢复名誉。

相传伽利略有句名言，“即使如此，地球也是转动的”。虽然我们无法确认这话是不是他说的，但他在教廷的压迫下，仍观测天体，探索宇宙真相，也许流传出那样的话代表后人对他的赞许吧。随着教廷对伽利略的审判被人知晓，许多人读到了他反对地心说的文章。他的逻辑合理，为哥白尼宇宙观被人真正接受提供了契机。

金星的相位变化

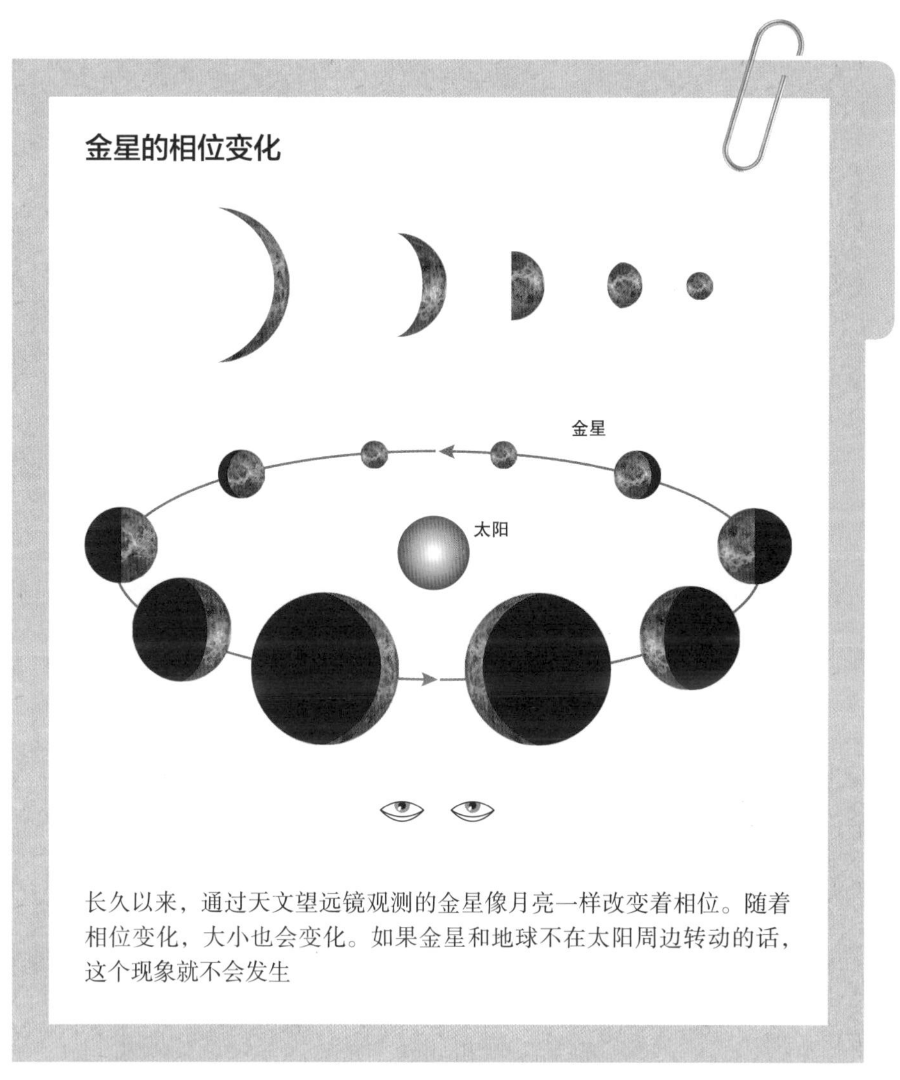

长久以来，通过天文望远镜观测的金星像月亮一样改变着相位。随着相位变化，大小也会变化。如果金星和地球不在太阳周边转动的话，这个现象就不会发生

连接宇宙与地面的万有引力

科学家们将 1666 年称为“奇迹之年”。1666 年在欧洲暴发了史上最惨烈的黑死病疫情，每天都有数千名百姓

死去。仅伦敦一地就有数万人因黑死病死亡，所有学校都被下达了停课令。当时，就读于剑桥大学的青年牛顿回到故乡伍尔索普，埋头于自己的研究。牛顿将万有引力定律体系化，将长期割裂宇宙和地球的力学思考梳理成一个原理。1687 年出版的《自然哲学的数学原理》一书总结了力学的三大定律，太阳和行星运动遵从的万有引力法则，以及现代科学的基础理论等。仅用其中的一个法则就可以证明，我们生活中出现的力的相互关系也适用于天体运动。

牛顿曾经认为，在宇宙和地球上各自存在着独立的自然法则。地球上的物体做直线运动，宇宙中物体做圆周运动。太阳的升起、降落和月亮的升起、降落，都是圆周运动的一环，无须怀疑。但是，牛顿对于再常见不过的事情存有疑问。相传，牛顿看见苹果掉落，从而发现了万有引力。那么苹果掉落与万有引力定律有何关系呢？让我们跟随牛顿的思考过程一起去了解一下吧！

牛顿看见苹果掉落，于是产生了这样的疑问：“就像那个苹果掉在地球上一样，月球是不是也会掉落在地球上呢？”他捡起掉在地上的苹果，又扔了出去，受了力的苹果向前飞出去一段之后掉落下来。如果更用力扔的话，苹果会飞得更远，然后掉下来。

那么，用巨大的力量扔的话会怎么样呢？我们肉眼所见的地球是平坦的，但实际上却是球体。与非常微小的地球曲率一样，苹果一直倾斜掉落的话，那么苹果也是和地球一样转动的吧，远远地看就像苹果围绕着地球在转动。牛顿认为，就像被大力扔出的苹果一样，虽然月球也在地球周边转动，但事实上，月球是在向着地球的方向掉落，不是吗？

将这个想法展开的话，同样适用于地球。地球被太阳的引力吸住，向着太阳的方向掉落的同时进行着公转。以那个原理为基础，牛顿证明了宇宙中所有的物体都像太阳和行星那样，受到相互拉扯的力量（引力）的作用。力的大小与距离的平方成反比，与物体的质量成正比。力依赖于两个物体的质量和距离，这一点不管是对地球，还是对宇宙空间中的所有物质来说都是适用的，所以称其为“万有引力”。

除了有质量的物体之间相互拉扯的万有引力之外，通过牛顿力学三大定律（惯性定律，加速度定律，作用与反作用定律），可以精确地计算出行星的位置，可以将宇宙飞船送到想要去的地方，也可以解释宇宙中的现象，甚至可以通过计算找出肉眼看不见的海王星。但是牛顿认为，宇宙是绝对空间，速度不受限制。即使距离很远，两物体之间的引力也能立即带来影响。虽然这种理论可以说明所有行星的运动，但实际观测中发现的现象也产生了一些新疑问。较有代表性的疑问是，水星经过太阳的近日点时，

牛顿《自然哲学的数学原理》英文版插画

THE SYSTEM OF THE WORLD. 513

creased, that it would describe an arc of 1, 2, 5, 10, 100, 1000 miles before it arrived at the earth, till at last, exceeding the limits of the earth, it should pass quite by without touching it.

Let AFB represent the surface of the earth, C its centre, VD, VE, VF, the curve lines which a body would describe, if projected in an horizontal direction from the top of an high mountain successively with more and

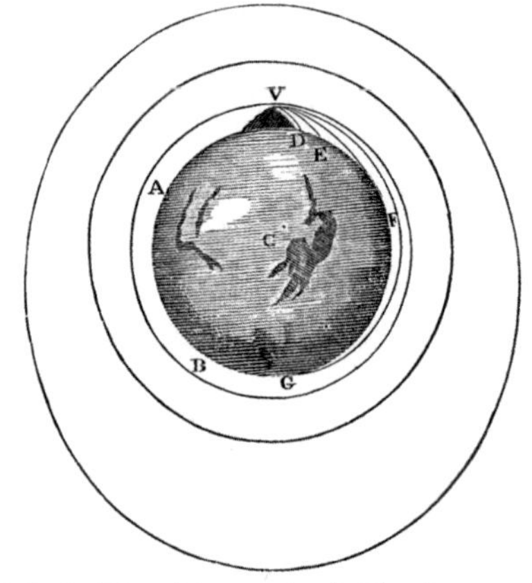

more velocity (p. 400); and, because the celestial motions are scarcely retarded by the little or no resistance of the spaces in which they are performed, to keep up the parity of cases, let us suppose either that there is no air about the earth, or at least that it is endowed with little or no power of resisting; and for the same reason that the body projected with a less velocity describes the lesser arc VD, and with a greater velocity the greater arc VE, and, augmenting the velocity, it goes farther and farther to F and G, if the velocity was still more and more augmented, it would reach at last quite beyond the circumference of the earth, and return to the mountain from which it was projected.

And since the areas which by this motion it describes by a radius drawn to the centre of the earth are (by Prop. 1, Book 1, *Princip. Math.*) proportional to the times in which they are described, its velocity, when it returns to the mountain, will be no less than it was at first; and, retaining the same velocity, it will describe the same curve over and over, by the same law

牛顿在上图中对引力（万有引力）进行解释说明

达到环绕速度的物体

①从侧面看

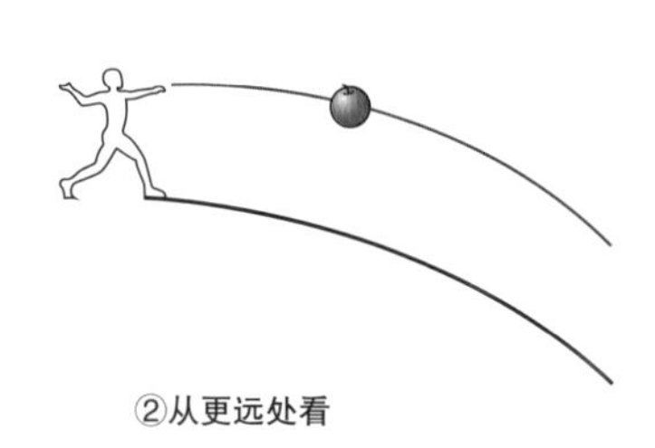

②从更远处看

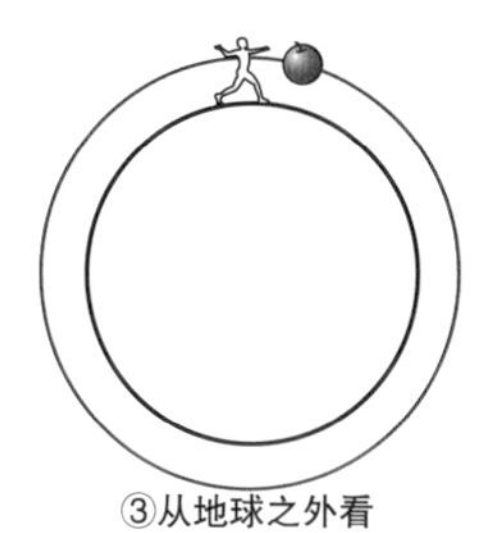

③从地球之外看

将苹果使劲扔出去的话，苹果会渐渐飞远。如果飞出去的距离长，则看起来像与地球表面平行，但从远处看是按照地球的曲率一直下降的。在地球之外看的话，就如同在围绕地球转一般。人造卫星就是以这样的原理在地球周围运转的

会稍微脱离椭圆轨道，这用牛顿的理论无法解释。科学家们为了解决这个疑问，需要进行更深入的研究。即便如此，牛顿也创造出了将宇宙、人类、所有物体的联系到一个定律中的直观性伟大逻辑。科学家们将1666年称为“奇迹之年”，至今称赞着他的成就。

牛顿的运动定律

牛顿的第一定律是指，不受力时，所有物体都保持原有运动状态，即静止的物体一直静止，飞出去的物体一直保持其速度和方向，做匀速直线运动（人们难以接受这个概念的原因是没有考虑到摩擦力或其他力对物体运动产生的影响）。质量越大，越难改变运动状态。牛顿在第一定律中整理出惯性定律，即质量增大，物体保持运动状态的性质——惯性会变大。

牛顿的第二定律是指，在受力的情况下，物体的运动状态会变化。受力的瞬间，物体之前的运动速度和方向会改变。牛顿建立了物体随时间变化的程度——加速度与力和质量的关系。力越大，物体运动的变化越大；质量越大，物体运动的变化越小。由此，牛顿提出了“加速度定律”：

运动变化→速度变化程度→加速度 = 力的产生

但是在第一定律中，考虑到质量越大，越难改变运动状态，

加速度 = 与力成正比，与质量成反比→加速度 = 力 / 质量

因此，可以得出力等于加速度乘以质量。

牛顿的第三定律与力的属性有关。力不能单独产生，它依靠两个物体之间的关系出现。一个物体对另一个物体施以作用力时，另一个物体对此必产生反作用力，这两个力大小相等、方向相反，这叫作“作用与反作用”原理。依据这个原理，火箭在没有空气的地方也可以使用力——将大量的气体以极快的速度喷射出，反作用力会使火箭运动。

寻找太阳系的起源

“地球上的物体做直线运动，宇宙中的物体做圆周运动。”

在牛顿之前，人们是这样认为的：太阳、月球和行星以地球为中心旋转，做圆周运动；在地球上，球体滚落或物体掉落做的是直线运动。人们就以这个想法为基础，分别解释了地球上以及宇宙中的运动。但是行星的运动与恒星不同，并不按照一定的圆形轨道画圆，很难以圆周运动来解释其运动过程，因为需要导入周转圆和异心圆等概念。随着适用于所有空间的原理——万有引力广为人知，不仅是行星，所有天体的运动都可以得到解释。需求是发展的原动力。通过需要解释说明的特殊现象，科学家们找到了能够解释说明的普遍原理，从而提出更加科学的理论。

科学家们观测天体发现，在既定路径上运动的恒星之间徘徊着运动的天体。为了解释这一现象，科学家们进行了长时间的研究。大部分的恒星以一定的角度运动，那些单独运动的天体就被称为“行星”，即徘徊的天体。主张地心说的人用十分复杂的理论解释了宇宙中存在的层层天体，最终因行星运动的加入得以成说。这些人公开了行星以太阳为中心公转的事实，那正是对哥白尼式构想的转变。他思想的继承者开普勒、伽利略以及牛顿筛选出了以太阳为中心画圆公转的行星，也确定了受太阳引力影响的“太阳系”，逐渐形成了数千颗星星和地球一起以太阳为中心转动的大家族。

受到牛顿影响的乔治·路易斯·布丰对太阳系进行了研究。牛顿的《自然哲学的数学原理》记载着，若将与地球体积相同的铁块烧红，即使过了很长时间（6 000 年）它也不会冷却，就算是过了 5 万多年也会是一样。他认为就像从宇宙中飞来的流星撞上了地球，彗星在太阳周围转动也可能会撞上太阳。

布丰认为，从遥远的地方向太阳飞来的彗星与太阳发生撞击，由此掉落出来的物质渐渐冷却形成行星，其中以适当温度冷却，最终孕育生命的就是地球。事实上，在那之前，神学家们以《圣经》为依据，普遍认为太阳系是约 6 000 前形成的，而布丰以实验和计算为依据首次推测出太阳系的起源。

布丰测定了大小不一的铁珠子加热至变红，然后变冷需要的时间，再以这个实验结果为依据，计算地球大小的珠子冷却下来所需的时间。按照他的计算，地球最少是在 7.5 万年前形成的。他提出这样的假说：太阳与彗星相撞形成地球，原始地球以熔融状态沸腾着，直到后来渐渐冷却。“太阳系源自彗星与太阳的相撞，脱离出来的物质由于引力凝聚成球状，渐渐冷却形成行星，小一些的团块形成卫星。”虽然布丰提出的“彗星冲撞说”证据不足，但这个假说却是对太阳系是如何形成的最早的科学解释。与布丰提出的太阳与彗星相撞诞生了地球这一说法相反，比我们认识的太阳系的起源更加具有戏剧性的构思是在尘埃云团中同时诞生了太阳和行星的星云说。20世纪80年代初开始，科学家们通过尖端望远镜观测小行星，其结果显示它们被尘埃和气体形成的冰冷的星系盘包围着。这个事实验证了星云说的科学性。虽然星云说是1734年由斯威登堡首次提出的，但却因康德和拉普拉斯的理论变得广为人知。

1755年，康德广泛应用牛顿的定律，试图以力学说明宇宙的起源。他主张太阳系形成之前，原是半径有几光年的巨大原始气体星云。这个气体星云依托引力慢慢回旋、冷却，依靠引力收缩，在中心部位形成了太阳和行星。这个星云说与角动量守恒定律相违背，1796年，数学家拉普拉斯将其发展成康德–拉普拉斯星云说。

康德–拉普拉斯星云说主张，太阳、行星、卫星、彗星等都是从原始的基本物质中分离出来，分布在宇宙空间中的。其中，成形的天体在太阳系空间中运动。经过数亿年，扩散开来的气体星云凭借万有引力慢慢开始凝

周转圆理论

周转圆理论是以地心说观点中的圆周运动为基础，为了解释行星运动而导入的概念。地球在宇宙中心时，所有行星本应在地球周围沿圆形轨道运动，但人们却观测到火星在逆行，因此可以得出结论，行星是各以一个一定大小的圆（周转圆）为中心运动。周转圆也是以异心点为中心，画着另一个圆周轨道转动的。此理论可以解释火星的逆行问题。实际上行星的运动可以用点和线进行标示，这里考虑到行星的移动速度并不确定，因而将地球放在离异心点稍远的位置上。在 16 世纪中期哥白尼提出日心说之前，周转圆理论一直被认为是正确的。

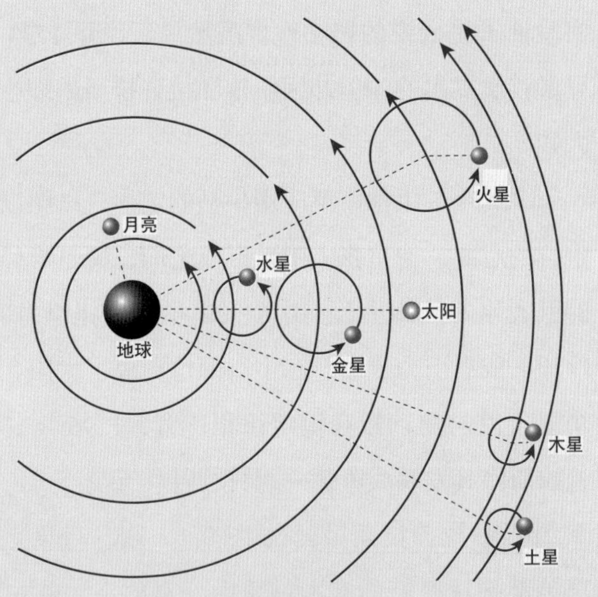

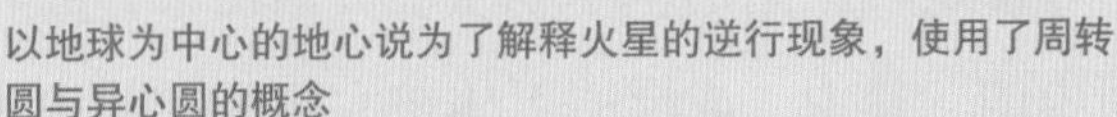
以地球为中心的地心说为了解释火星的逆行现象，使用了周转圆与异心圆的概念

布丰的彗星冲撞说

康德的星云说

聚，在中心部位产生太阳。无法凝聚成太阳的气体星云，脱离出来形成行星和卫星。这个假说作为最早的科学性的太阳起源说，引起了很多人的关注。但实际上，太阳系边缘的星云的角动量比中心部分的更大，却形成不了行星，这个自相矛盾的说法最终被废弃。

角动量守恒定律

物体的角动量是物体的位置矢量和动量的乘积，是物体转动时受力矩作用的度规。如果不从外部施加力的话，转动的物体的角动量是一定的。从转动轴到物体的中心，距离减少或物体质量减少的话，转动速度会变快。

以哲学方式来探究太阳系形成的康德并未就此打住，接下来他直接用望远镜来观测天空，他认为其他恒星跟太阳并没有什么不同，是“含有相似天体的中心”。他将这个原理应用到银河系，提出了仙女座里可见的尘埃云团（M31）是由无数的恒星构成的另一个银河系，并将其取名为“宇宙岛”。宇宙岛就像分散在大海里的岛屿一样，意指宇宙里的银河系四处分散。相比“银河是宇宙的全部”，不得不说这是相当具有洞察力的见解。

康德称，生命的诞生是天体进化的结果，不是由神创造出来的。他提出了“生命体与特定的外部条件相连接”这样划时代的想法。康德亲自做实验，以力学来解释宇宙机械似的完美性。他认为宇宙进化论能打破神创造世界的说法，未来随着科学的发展，人类会得到更多的关于宇宙

中间肉眼可见的大圆弧是银河系中心的恒星。这些如同银河一般的恒星的集合体聚集成的星云（当时没有银河的概念），康德给它们取名为宇宙岛

的知识，修正现存的谬误。

渐露真容的宇宙构造

在康德之后，对“宇宙进化论”进行说明的学者是英国的天文学家赫歇尔。曾是手风琴演奏家的赫歇尔，亲手制造出了当时性能最优的望远镜，观测了 8 等星以上的大量恒星。

由于在夜空中，土星是肉眼也可以观测到的，所以数千年来人们坚信土星是太阳系最后的行星。但在 1781 年，赫歇尔用望远镜观测到双子座中有一个陌生的天体在发光。它与其他恒星不同，为清晰的圆盘模样，一闪也不闪，也不像彗星一般有尾巴。恒星无论有多大看起来都像是一个点，天体看起来如同圆盘的话，就意味着距离我们非常近。赫歇尔将这个天体的存在报告给了格林尼治天文台，之后追踪其轨道，系统地观测它。由此，太阳系的第七颗行星，依靠赫歇尔的不懈观测为世人所知。1784 年赫歇尔开研究银河系构造的先河。在无人知晓怎样准确测定恒星距离的年代里，他以北半球为基准，以最近的天体天狼星作为距离的基本单位来计算宇宙的大小。他用自己制作的望远镜，将整片天空彻底观察了一遍，测定了恒星的个数和亮度。他假定距离不同，恒星的亮度也会不同，

威廉·赫歇尔的银河系构造图

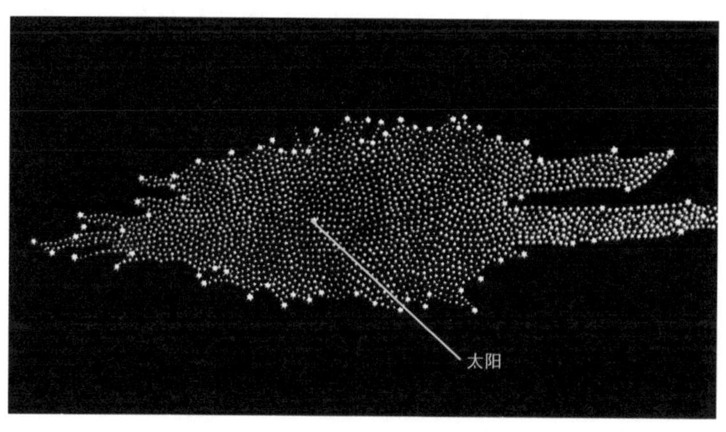

以观察者的位置为中心，得出观测天体的数据。他将太阳放在了银河系中心

又根据不同方向上恒星的数量，推测出恒星组成了圆盘状构造。赫歇尔认为银河系的半径为 7 400 光年，厚度为 1 350 光年，还错误地认为太阳系位于银河系中心。但是，在坚信恒星固定于天空不运动的时代，赫歇尔试图以科学逻辑说明宇宙的构造的努力十分可贵，使得人们对于宇宙的认知更进了一步。

虽然从地球中心论到太阳中心论，人们对于宇宙的认知在扩大，但直到 20 世纪 20 年代也依旧没能研究出宇宙的规模和构造。随着望远镜的发展，宇宙的秘密被一点点地揭开。“银河系是宇宙的全部吗？银河系只是构成宇宙的一部分吗？”这样的问题成为当时的社会话题。特别是随着技术的发展，涌现出了大量的观测数据，科学家们为了得到关于宇宙规模的正确答案，进行了无数次的争论。很有代表性的例子就是沙普利和柯蒂斯的争论。沙普利主张银河系是宇宙的全部，柯蒂斯则主张银河系是构成宇宙

多重宇宙论

多重宇宙论是指，在我们生活的宇宙之外，还存在着数不清的宇宙。在我们的宇宙之外，很可能还存在着其他的宇宙，而这些宇宙是宇宙的可能状态的一种反映，这些宇宙的基本物理常数可能和我们所认知的宇宙相同，也可能不同。这虽然是有些陌生的言论，但一些科学家认为，我们对于宇宙的认识是有欠缺的，而欠缺的或许就是多重宇宙论。

我们曾一度认为地球是宇宙的中心，世间万物以地球为中心运转。得益于伽利略和哥白尼等科学家，我们知道了太阳系的中心不在地球而在太阳的事实。这些概念初次出现时，曾被认为是荒诞不经的事情，但是现在人们却不再那么认为。

由于现在还没有通过观察或实验得出证明材料，所以争论还会持续下去。如果我们生活在多重宇宙的假说被证实的话，我们将会成为见证者，我们对于宇宙的理解会迎来划时代的改变。

的无数星系中的一个。他们争论的核心是，位于仙女座的星云与我们相距多远。

给这场历史性争论画上句号的人正是哈勃。1924年，他利用变星测定了争议中的仙女座的距离，揭示了仙女座在比我们银河系半径更远的地方。由此，人们知道了仙女星云不是包含银河系尘埃和云团的集团星云，而是毗邻我们银河系的河外星系。最终科学家证明了银河系是宇宙构造的一部分。

生活在21世纪的我们，通过相对论和量子力学的宇宙论，通过尖端望远镜的观测数据认识着宇宙。随着对宇宙微波背景辐射研究的不断深入，我们更加确信宇宙正在膨胀。我们观测了宇宙的可观测部分，将宇宙的巨大构造制作成了三维地图。我们了解了宇宙的构造是十分巨大的，除此之外，我们还发展了众多其他的宇宙理论，包括多重宇宙论，即我们所生活的宇宙不过是众多平行宇宙中的一个的假说，而且人们正在不断地对其进行观测、研究。我们相信，随着科学技术的发展，在不超过百年的时间内，我们可以更加准确、具体地观察到宇宙的真实面貌。

望远镜的历史

最初使用天文望远镜来观测宇宙的人是伽利略·伽利雷。伽利略使用的望远镜是用凸透镜和凹透镜制作的折射望远镜，它的性能类似于当时用于其他用途的望远镜。虽然性能不是很优秀，但是伽利略的望远镜可以说是最早的折射望远镜。他用望远镜观测到金星的相位变化和木星的相位，明确地指出了地心说的矛盾之处。

伽利略望远镜问世三年后，德国的天文学家开普勒用两个凸透镜作为物镜和目镜制作出了折射望远镜。虽然开普勒制作的望远镜具有视野更宽阔的优点，现在也经常使用，但是折射望远镜具有色散、色差的缺点，或者稍微扭转就很难对焦的缺憾，很难制成大口径望远镜。

望远镜的镜片变大的话，会吸收更多的光线，可以观测到更远、更黑暗的天体。但是单透镜不能把所有的光集中于同一焦点。白光会色散成为彩虹；镜片

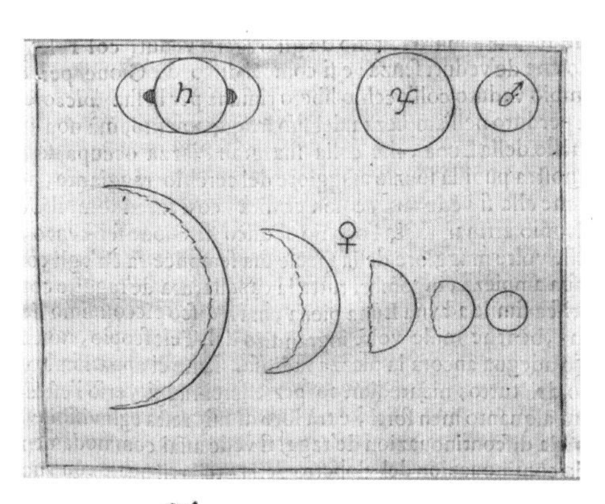

伽利略绘制的金星的相位变化（上）和木星的卫星个数变化图（下）。他确认了金星像月亮一样变化着模样，卫星位于木星后面时无法被观测到，发现了天体不以地球为中心转动的确凿证据

的中心远远地有光线进入的话，焦点距离会分散。这叫作球面色像差，看远处的事物或者倍率很大时，图像会变模糊，无法清晰地看到。为了聚集更多的光，镜片会做得很大，但色差也因此变大，会更难获得远处天体的清晰图像。镜片的表面越光滑，性能就会越好。牛顿制作的反射望远镜的反射镜是利用铜板制作的，虽然当时这个望远镜精确性低，不能获得清晰的图像，但可以被称为最早的现代式望远镜。在那之后，精确打磨的技术逐渐成熟，反射望远镜的性能也快速提高。

威廉·赫歇尔用直径 16 厘米的反射望远镜发现了绿色的天王星。他制作的大型望远镜中，最有名的是 1789 年完成的直径 126 厘米的反射望远镜。到逝世为止都未曾停止过研究和观测的赫歇尔，最早画出了星图，向人们展示了宇宙中散布的无数星系。

赫歇尔之后，科学家制造出了结合折射式和反射式的卡塞格林反射镜，现在天文台里设置的大部分大型望远镜，都是从卡塞格林式发展而来的。

1931 年，曾研究电话噪声的卡尔·央斯基设置

伽利略望远镜和开普勒望远镜

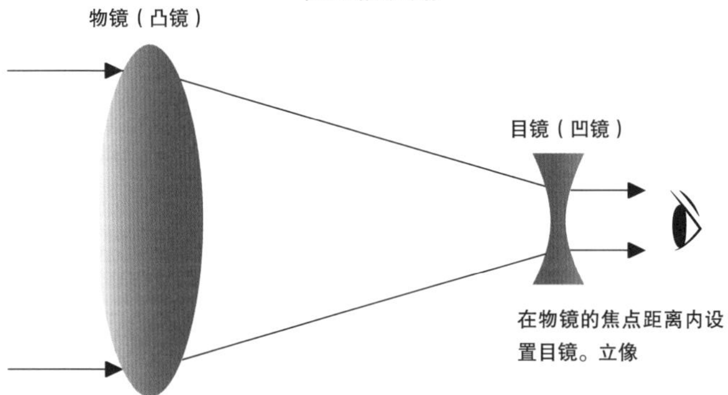

光依次通过凸透镜和凹透镜，观测到的图像上下位置不变，但有色差

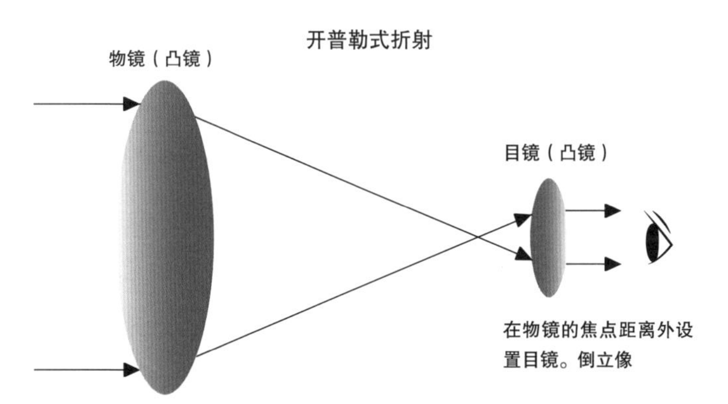

将两个凸透镜排成一列，观测到的图像为倒立像，可以观测的范围更广泛。在太空中，上下左右没有什么意义，倒立像只能作为参考

牛顿望远镜的原理

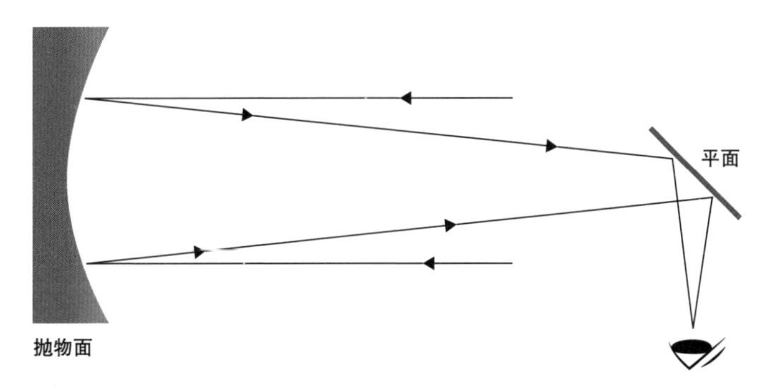

将物镜和目镜以直角放置，使聚集在反射镜上的光可以在镜筒旁边看到

了可以接收长波长的射电波的天线，来研究噪声的真正面貌。他研究出射电波是周期性变化的，噪声的来源是银河系的中心。随着射电天文学的诞生，产生了测定宇宙射电波和用计算机重新组成图像的射电望远镜。科学家用它观测光学望远镜无法观测到的长波长的射电波，为银河系的构造、宇宙背景辐射、脉冲星等重要的研究贡献了力量。

即使是性能优越的天文望远镜，在观测被大气阻

牛顿研制的望远镜，以克服折射望远镜的色差而闻名

挡的宇宙时，也会受到各种各样的限制。1946年，天文学家莱曼·斯皮策提出了将望远镜发射到宇宙中的设想，这样观测就能不受大气或天气的干扰。1990年美国国家航空航天局启动了“大型轨道天文台计划”（Great Observatories），宇宙飞船“发现者号”装载着最早的空间望远镜飞向了太空。这个望远镜以天文学家埃德温·哈勃的名字命名，也就是哈勃空间望远镜。

在波多黎各设置的直径 305 米的射电望远镜，在 2019 年前还是世界上尺寸最大的单体望远镜。这一纪录已被“中国天眼”刷新

哈勃空间望远镜装载着直径 2.4 米的反射镜，在距地面大约 600 千米的高空轨道上，以 7.5 千米 / 秒的超高速度运动，观测着宇宙，传送着清晰又惊人的宇宙画面。哈勃空间望远镜的观测数据为科学家们提供了许多宇宙膨胀、星系的诞生及进化、黑洞的存在等线索。综合哈勃空间望远镜拍摄的 300 多

哈勃空间望远镜。它拍摄到的天体照片，为科学家回答宇宙的根源性问题做出了贡献，将我们的认知从地面扩展到星系诞生的瞬间

张超深空照片，古老星系的模样展现在我们面前。

美国国家航空航天局发射了哈勃太空望远镜之后，又连续发射了观测其他波段的空间望远镜。哈勃空间望远镜探知可见光波段，康普顿伽马射线天文台探知伽马射线，钱德拉 X 射线天文台探知 X 射线，斯皮策空间望远镜探知红外线。康普顿伽马射线天文

哈勃超深空。即便宇宙中妨碍拍摄的要素较少，这张照片的诞生也经历了长时间的数据积累和合成，它是研究星系是如何形成和发展的重要资料

台收集的伽马射线信息对研究超新星爆发做出了巨大贡献，钱德拉X射线天文台拍摄下X射线为研究黑洞和中子星提供了重要的信息。

哈勃空间望远镜在2009年接受了最后一次维修，

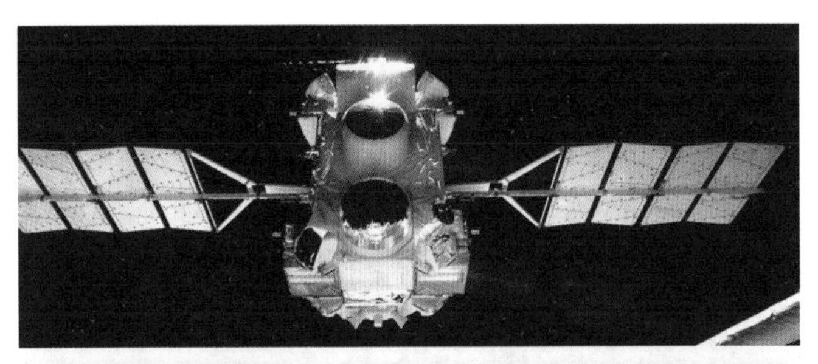

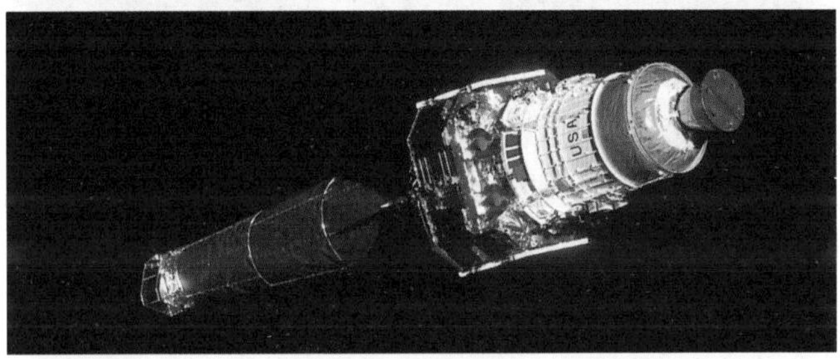

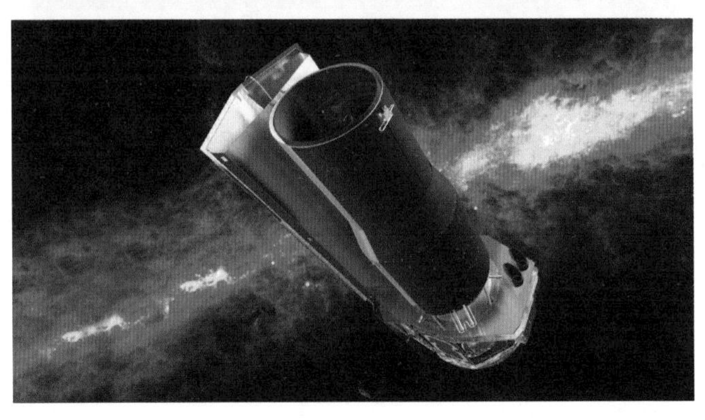

执行美国国家航空航天局“大型轨道天文台计划”任务的望远镜。从上至下依次是康普顿伽马射线天文台、钱德拉 X 射线天文台、斯皮策空间望远镜

韩、美、澳共同参与建设的巨型麦哲伦望远镜将于 2022 年投入使用

它的使命将宣告结束。代替哈勃空间望远镜的新一代詹姆斯·韦伯空间望远镜将在 2021 年冬季发射。其他太空强国为了解开宇宙的奥秘，也在进行空间望远镜计划。韩国、美国、澳大利亚共同参与了巨型麦哲伦望远镜计划。巨型麦哲伦望远镜是由七个直径 8.4 米、组成圆形阵列的反射镜组成的直径 25 米、高 38.7 米的最大规模的高性能反射望远镜。通过巨型麦哲伦望远镜那比哈勃空间望远镜高出 10 倍

多的分辨率，可以观测（拍摄）到宇宙初期的情况。这个望远镜设置在智利的拉斯卡姆帕纳斯，这里一年有 300 天的晴天，可以说是观测天体的得天独厚的宝地。

从大历史的观点看恒星的一生

不知道从什么时候开始，在某一瞬间我开始思考自己究竟在干什么。那时，我突然产生了自己是为了生活而存在的想法。为了生活，每天寻求吃的食物，为了留下后代而恋爱。吃到好吃的食物会产生幸福感，通过恋爱也会产生幸福感。反之，一直担心吃到不安全的东西，担心得不到异性的关爱，会因此不安，于是一生都在为了争取那些东西而奔波。随着不幸的加深，我自然而然地陷入“我为什么成了这个模样呢？”的深刻苦恼中。没有任何的苦恼，舒服地入睡是最幸福的时刻，但又会产生这样的想法：“为什么我要出生在这个世界上？为什么无法摆脱生存和维系种族存续的束缚，承受着痛苦活下去呢？到底我是怎样的存在呢？”

但并不是只有我有这样的疑问，已有许多哲学家和科学家针对这个问题展开了无止境的思考，寻求着答案，因为它是人类文明发展史上必然出现的问题。有时人们甚至利用宗教的力量来寻找这个问题的答案，但是依旧没能做出正确的解答。它无疑是个十分重要的问题，因为它是对生活的根本性的疑问，也是对如何才能幸福地生活的疑问。

关于这个问题没有正确的答案，因为我们每一个人都有独一无二的基因和多种多样的生活环境，即使对于同一件事，看法也是不一样的。从物理上来看，我们的身体内处处包含着我们的祖先留传下来的信息。我的细胞中所有的 DNA，都是在变化的环境中延续下来的。世上有怎么吃也不会变胖的人，也有只要吃就会变成肉，生成脂肪，引起血管疾病的人。在物质充裕的环境中，吃下去的东西变成能量，还是在物质匮乏的环境中，吃下去的东西变成脂肪被储藏，在粮食不足的时候再使用，我们的身体记录着这些信息。生活决定我们学到的知识和经验，以及对事情的看法。有的人通过安静的古典音乐和画作，收获无限的遐想。反之，也有人被古典艺术带入无边的睡梦中。由此可知，我们遗传得来的基因，以及在生活中学习到的知识和经验，会使我们产生不同的世界观。

在这个世界里如何生活下去只不过依赖于自己的主观性罢了。我们每个人在自己生存的世界，对自己想要什么生活，甚至于为什么活着，怎样活着，都有着自己的答案。别人的答案不会成为我的答案，我的答案也不会成为别人的答案。正因如此，只有自己才能了解自己，只有自己才能找出自己关于生活的答案，那是规划自己幸福生活的途径。正因如此，很久以前就有很多科学家和普通民众，为了找到人生的答案一直在探究真理。每个人都在思考，我生活的地方是怎样的地方，我该如何生活下去。对于高呼“地球是转动的”的哲学家们、科学家们来说，比起生命，生活的价值更在于揭示这些真理。

探索真理、战胜愚昧是为了人类能够更好地生活，因为只有知道了我们生存在哪里，才能知道怎样在那里生活。假如我们生活在一个时空交错的世界里，那我们是否能找到一把时间的钥匙，回到过去改变我们的人生，或者前往未来，在更加先进的知识和文明中生活？如果我们的世界能像《第二人生》或虚拟现实游戏一样可以延展空间的话，那么我们就会在这个世界上幸福地生活吧。说不定几年之后人们真的制造出时间机器，我们每个人乘坐时间机器，开创改变生活的多重宇宙世界，就像我们玩着游戏，保存进度，再在另一个适当的位置上继续游戏。或者通过电脑制作出虚拟现实，像电影《黑客帝国》中的世界一样，通过脑机融合生活下去。我们希望能在这样的世界中生活，同时我们为了探索其形成过程和变化原理奉献着我们的一生。人类是共享信息、发展信息的集体智慧体，人类正满怀信心，坚持不懈地获取更全面的知识，向着探究真理的方向前进。我们坚信总有一天，人类会揭开世界的神秘面纱。

以这样的哲学性问题为例，我们对这个世界充满了好奇。人类在经过漫长岁月之后给出了自己的答案，解释了我们肉眼看不到的世界的同时，也解释了我们生活的现实世界，为“我们为什么在这里”“我们是怎样的存在”等问题提供线索。但是，我们只是单纯地了解了世界，并没有明确的证据。我们有时会产生“在这样的世界中我们是活着的吧？”“是这样的世界的话，我该怎么生活？”这样的问题。有时我们会将想象中的世界以其他方式呈现，神话就是个具有代表性的例子。直到现在，人类仍在探索这个问题的答案：学术领域涌现出细分化、具体化的概念（大爆炸理论等），小说、电影或电视剧等大众文化领域也体现了对我们生活在怎样的世界中，以及我们要如何生活下去等问题的思考。

长久以来人们认为宇宙单一又渺小，随着人类活动舞台的变大，观测技术的进步，现在人们对宇宙有了全新的认识。对宇宙的研究越深入，宇宙深藏的秘密就被发现得越多。从世界诞生到现在，随着时间的流逝，人们一步一步走向宇宙，人类以自己的观点思考着“我们”存在的意义。从“我”是世界的中心，到仅是这个世界上如同角落里的灰尘般的存在，再到“我”成为世界的中心。通过对世界的理解的加深，“我”的角色一直发生着改变。以这样的世界观再次思考一下我们应该怎样生活吧。

有许多人想知道我们在哪里，我们生活的世界是怎样的世界。这些人以自身经历为基础，综合了一切感知和信息，想要准确解释这些问题。很长时间过去了，随着各种观测设备的进步和科学的发展，世界的轮廓更加清晰地展示在人类面前。但是仍有很多未知的事物存在，那就是科学的观测设备无法确认的高维度的世界，以及光都无法到达的视野之外的世界。以目前的科学知识，我们认为这样的世界观是对的，但以后我们或许会发现它是错误的。总之，我们相信更完整的或具有新观点的世界观终会出现。

知识的获取，会将我们带到先进的社会，收获幸福的生活，也会把我们带到被淘汰的社会，体验不幸的生活。有的人认为太阳围着地球转，神是这个世界的中心，无条件地相信神就会有尊严、无烦恼，能够幸福地生活。然而，意大利思想家乔尔丹诺·布鲁诺大声宣扬地球围绕太阳转动的日心说，成为教会的监视对象，不但离开了修道会，还遭受了火刑。

这本书是讲宇宙是什么模样的。第 1 卷将宇宙起源的故事结合科学家们探索的结晶进行说明。第 2 卷对我们生活的世界的模样和变化的过程，以及宇宙的形成进行了解释，说明了宇宙中有怎样的天体存在，在地球上生活的人类怎样看待这个世界等问题。

我们仍需思考我们存在的地方是哪里。我们不再是为了生存而存在，而应该思考我们为什么存在，找到生存的目的，以此来规划更加幸福的生活。我们通过人类的想象和科学知识，了解了我们生活的世界是怎样的存在，以及是如何形成的。本书的价值并不只是单纯地传授知识，而是讲述这些知识是怎样获得的以及知识的意义。对于人生中无穷无尽的生活场面，我们该以怎样的价值观去判断它，怎样找到自己的生活方向，怎样去生活，这便是这本书最大的意义所在。

2014 年 6 月

金珩真，朴荣熙